FABRICATION DES ALCOOLS

BIBLIOTHÈQUE DES ACTUALITÉS INDUSTRIELLES, Nº 30

FABRICATION DES ALCOOLS

PAR

Gaston CANU ET **Edouard ROBINET**
Ingénieur Agronome | Chimiste Œnologue

Avec 55 figures dans le texte

PARIS

Librairie Bernard TIGNOL
PUBLICATIONS DE LA
LIBRAIRIE DE L'ÉCOLE CENTRALE DES ARTS & MANUFACTURES
53 bis, Quai des Grands-Augustins, 53 bis

PREMIÈRE PARTIE

L'Alcool

CHAPITRE PREMIER

HISTORIQUE DE L'ALCOOL

Il est assez difficile, pour ne pas dire impossible, de faire un exposé complet de l'historique de l'alcool. L'origine de ce produit se perd dans la nuit des temps et on en retrouve la mention dans les auteurs les plus anciens. Il en est la même chose pour le vin qui, dit-on, fut découvert par Noë, mais les notions légendaires ne sont pas des preuves historiques. Pour l'alcool, ses sources de provenance sont si diverses, qu'il est difficile d'établir de quel produit il fut extrait pour la première fois.

Il est évident que sa découverte est corrélative avec l'invention du premier appareil distillatoire. Mais quel en est le premier constructeur, c'est ce qu'il est assez délicat d'établir pour les temps anciens. On trouve la mention d'appareils distillatoires dans les auteurs de la Grèce ancienne, mais ces instruments étaient des plus primitifs. Ils consistaient en chaudières chauffées à feu nu au-dessus desquelles on posait une couche d'éponges qui recueillaient les vapeurs, les con-

1

densaient, puis on les pressait pour en extraire le jus. Ce procédé, tout barbare qu'il était, permettait cependant de faire un alcool faible de degré, mais encore assez pur.

Les Romains ne parlent pas, dans leurs ouvrages, d'appareils distillatoires. Cependaient ils avaient une connaissance assez exacte des phénomènes de la fermentation, ils faisaient du vin, de l'hydromel et les Germains leur avaient appris à faire une sorte de bière. L'hydromel était la liqueur par excellence des peuples scandinaves et des races du Midi de l'Europe et de l'Asie.

Ce que nous savons de plus positif, c'est que l'alcool et la distillation furent mis en pratique par les Arabes ; en effet, les noms, alcool et alambic, sont d'origine de cette langue. Ce peuple conquérant avait produit les plus célèbres astrologues et alchimistes de ces époques barbares et ce sont ces derniers qui pratiquaient la distillation pour faire leurs drogues qu'ils vendaient ensuite parmi les classes ignorantes qu'ils dominaient.

Un médecin arabe de Bokhara, au dixième siècle, Avicenne, donne dans ses écrits la description d'appareils distillatoires déjà assez complets, mais encore bien primitifs.

Au treizième siècle, Raymond Lulle, qui fit de si curieuses observations sur la fermentation et ses résultats, nous entretient dans ses écrits d'appareils distillatoires et même de rectification, de ce qu'il appelait l'esprit subtil, sur un alcali avide d'eau ; c'est Basile Valentin qui, cinquante-huit ans après, nous apprit la rectification sur de la chaux vive.

Arnault de Villeneuve, professeur à l'Université de médecine de Montpellier, en 1240, fait le premier traité que nous connaissions sur la distillation, on a pu le considérer comme l'inventeur de cet art, mais c'est une erreur, car Rhazes, médecin de Carthage, et Albucasis, médecin arabe, avaient.

déjà décrit des procédés de distillation propres à extraire l'arôme des plantes et des plantes.

Cependant, Arnault de Villeneuve est le premier qui fit réellement de l'eau-de-vie et qui en démontra les propriétés hygiéniques et utiles.

Son élève, Raymond Lulle, né à Majorque, en 1235, lui, perfectionna les procédés de son maître et fit réellement de l'alcool. Il faisait jusqu'à sept rectifications, mais d'après lui, dès la troisième, le liquide, qu'il appelait eau ardente ou alcool, était déjà inflammable. Il se servait pour ses travaux d'alambics en verre, sortes de grandes cornues primitives ; mais grâce à la patience de nos anciens maîtres, malgré l'imperfection de leurs moyens de fabrication, ils arrivaient à obtenir des produits assez bons et assez bien faits.

Michel Savonarole, en 1440, écrit un traité de distillation (*Confidencia aqua vitæ*) où il décrit le premier l'alambic en métal avec serpentin de même matière, plongeant dans l'eau froide. Il perfectionne même assez complètement son appareil et il arrive à avoir des eaux-de-vie de vin d'un degré assez élevé. En même temps il donne différents procédés pour s'assurer de la force en alcool de son eau-de-vie :

1° On imprègne des linges ou du papier avec de l'eau-de-vie, on y met le feu ; elle est réputée de bonne qualité lorsque la flamme détermine la combustion du linge ou du papier.

2° On mêle l'eau-de-vie avec l'huile pour s'assurer si elle surnage.

Il traite également de la distillation de différentes plantes avec de l'eau-de-vie pour en faire des liqueurs ayant l'arôme de ces plantes. Ce sont ses eaux-de-vie composées.

D'autres auteurs, Matthioles et Jérôme Rubée ont écrits différents traités sur la distillation.

Jean-Baptiste Porta, Napolitain, vers la fin du seizième

siècle, a aussi écrit un traité très complet sur la matière, puis, au dix-septième siècle, Nicolas Lefèvre, le docteur Arnaud, de Lyon, et le chimiste Glaubert ont successivement modifié et complété les connaissances acquises sur la distillation, tant au point de vue de l'obtention de l'eau-de-vie que pour la fabrication des remèdes et des liqueurs.

En 1661, Jacques Sachs publie un fort curieux ouvrage sur la vigne, l'art de faire le vin, et enfin les procédés les plus perfectionnés de l'époque pour faire l'eau-de-vie de vin. Kircher, le savant jésuite, en 1663, traite également cette question, mais à différents points de vue scientifiques.

Dans sa *Pharmacopée*, Moïse Charas décrit différents systèmes de distillation, puis viennent Berchusen et Boerhave qui indiquent des procédés pour obtenir de l'eau-de-vie à différents degrés, et même des degrés assez élevés.

Macquer, dans ses éléments de chimie, entre dans des considérations scientifiques et pratiques assez étendues sur la fermentation des matières sucrées et de la formation de l'alcool. Il commence par extraire l'eau-de-vie de ses produits fermentés, puis il rectifie cette eau-de-vie par des distillations successives et obtient ce qu'il appelle de l'esprit ardent, et enfin de l'esprit de vin alcoolisé. Il décrit même avec assez d'exactitude des procédés pour priver cet esprit alcoolisé des huiles essentielles qui lui donnent un goût spécial. Cet auteur paraît avoir poussé assez loin ce genre de recherches. Cependant il n'indique aucun procédé nouveau de distillation, il se sert simplement des appareils connus jusqu'à ce jour.

Le grand Lavoisier, dans son traité élémentaire de chimie, explique, avec sa lucidité habituelle, les phénomènes de la fermentation, la production de l'alcool, son isolement et enfin en détermine la composition. Ce sont de grands pas pour la science, mais au point de vue pratique et industriel, rien n'est encore fait, on est toujours dans la plus grande enfance, cependant à la même époque Argand, de Lyon, en 1780, invente le chauffe-vin, c'est-à-dire qu'il emploie la chaleur des vapeurs de l'évaporation à chauffer déjà le vin. C'était un progrès, mais c'est à un obscur praticien que devait revenir l'honneur de découvrir l'appareil à distillation continue, permettant d'obtenir à volonté des eaux-de-vie ou des alcools à tous les degrés exigés par le commerce. Edouard Adam, cet homme de génie, appliqua le principe de l'appareil de Woulf à la distillation et résolut du premier coup le grand problème de la distillation et de la rectification simultanée, c'est en 1801 qu'il fit un premier appareil.

Quel bruit n'aurait pas fait sa découverte si elle était sortie du cerveau d'un des grands chimistes de l'époque ; mais elle venait de source obscure, et l'industrie, tout en adoptant avec enthousiasme son invention, ne pensa qu'à une chose, en tirer le plus de profit possible tout en cherchant à dépouiller son inventeur. Le brevet d'Adam est du 2 juillet 1801.

Voici la description de son appareil si simple : le vin est chauffé dans une cucurbite et les vapeurs, en sortant, passent dans une série de vases, en forme d'œuf, chargés de vin, s'y condensent jusqu'à ce que le vin arrive à la température de l'ébullition ; ce premier vin, surchargé d'alcool, distille à son tour des vapeurs qui chauffent un second récipient, lequel à son tour en chauffe un troisième et ainsi de suite jusqu'au dernier qui ne contient plus guère que de l'alcool à un degré déjà très élevé qui distille à son tour des vapeurs qui viennent se condenser dans un serpentin plongé dans un réfrigérant. En multipliant les vases intermédiaires entre la cucurbite et le serpentin on arrive à avoir à la fin un alcool d'un titre très élevé, d'autant plus que dans les derniers vases on ne mettait qu'une faible quantité d'eau pure qui lavait l'alcool.

Pour alimenter la cucurbite, on se servait du vin des vases
dejà arrivé à une température assez élevée, il y avait donc
économie de combustible, continuité dans le travail et rapidité dans la manutention des produits.

C'était une vraie découverte, une révolution dans la distillerie; aussi, malgré son brevet, Adam fut accablé de tous côtés
de procès, on contrefit son invention, et en 1807, il mourut
dans la misère, abreuvé de dégoûts. Il dota son pays d'une
grande idée, mais elle le tua, comme cela arrive souvent aux
inventeurs. Ce n'est qu'en 1837, que le conseil municipal de
Rouen, voulant rendre justice à ce martyr de l'invention,
décida qu'une plaque commémorative serait placée sur la
maison où il était né.

En 1855, le conseil d'arrondissement de Montpellier,
décida qu'un monument lui serait élevé dans la ville, car
c'est dans cette cité qu'il fit ses premiers travaux. Quatre
ans après la découverte d'Adam, un nommé Isaac Bérard,
distillateur au Grand Gallangues, fit également un appareil
fort simple au moyen duquel il obtenait à volonté des esprits
de tous les degrés.

Les appareils d'Adam étaient encore bien imparfaits,
aussi chercha-t-on immédiatement à les simplifier et à les
perfectionner, et Cellier-Blumenthal remplaça les vases par
des plateaux, chargés d'une mince couche de vin, et chauffés
par les vapeurs d'évaporation. Il avança de beaucoup le
problème de la distillation continue. Mais c'est Ch. Derosne,
de Paris qui, en 1818, fit l'appareil le plus parfait. Il inventa
son appareil à colonne, à distillation continue et à rectificateur, qui pendant de longues années a été le plus perfectionné qu'ait employé l'industrie. Mais nous nous arrêterons
là dans nos données historiques, car nous aurons occasion,
dans la description des différents procédés de fabrication
des alcools de diverses provenances, de décrire une foule
d'appareils qui, tous ont leur utilité et leur raison d'être.

En résumé, c'est donc à Argand, puis à Adam et enfin à Ch. Derosne qu'on doit les premiers progrès sérieux faits dans l'art de distiller un liquide fermenté quelconque pour en extraire l'alcool à un degré facultatif, et tous les inventeurs qui sont venus greffer leurs travaux sur ces premières données ne sont, on peut le dire, que des industriels. qui ont perfectionné une première idée, le principe est toujours le même, il n'y a que les moyens qui diffèrent.

CHAPITRE II

PROPRIÉTÉS PHYSIQUES ET CHIMIQUES DE L'ALCOOL

Lorsqu'une matière sucrée quelconque, entre en fermentation, il se produit principalement deux corps, l'un liquide, incolore, inflammable, caustique, c'est l'*alcool*, l'autre gazeux incolore, inodore, c'est le gaz carbonique, anhydride carbonique, vulgairement appelé acide carbonique. Un seul de tous les corps produits par la fermentation nous occupera pour l'instant ; sans insister maintenant sur sa formation, nous allons en indiquer les principales propriétés ; c'est l'alcool.

Sa formule chimique est $C^2H^5(OH)$ ou C^2H^6O. C'est un liquide incolore, d'une odeur plus ou moins agréable selon sa pureté, d'une saveur caustique et brûlante ; sa densité est de 0,794 à la température de 15°, il bout à 78°4, chaque gramme absorbe 214 calories. C'est un corps susceptible d'en dissoudre beauconp d'autres, tels sont : les essences, les résines, les alcaloïdes, le camphre, un grand nombre de matières colorantes, le brôme, l'iode, l'acide borique, etc.

Action de l'eau. — L'alcool est miscible à l'eau en toutes proportions ; ce mélange est accompagné d'un dégagement de chaleur et d'une contraction de volume. Le maximum de contraction s'obtient avec les proportions suivantes :

$$\left.\begin{array}{l} 53,739 \text{ parties d'alcool} \\ 49,836 \quad\text{—}\quad \text{d'eau} \end{array}\right\} \text{donnent 100 volumes}$$

de mélange, soit une contraction 103.575.100 = 3.575. La densité de ce mélange est 0,927 à 10° et sa composition est donnée par la formule $C^2H^6O + 3H^2O$. Voici d'après Budberg, une table de contraction des mélanges d'eau et d'alcool calculée d'après les tables de densité de Gay-Lussac.

A cette table nous en joignons d'autres donnant la densité des mélanges d'eau et d'alcool à différentes températures.

TABLE DE CONTRACTION DES MÉLANGES D'EAU

ET D'ALCOOL à + 15°

100 litres d'alcool et		0 litres d'eau se contractent de		0 litres
95	—	5	—	1.18
90	—	10	—	1.94
85	—	15	—	2.47
80	—	20	—	2.87
75	—	25	—	3.19
70	—	30	—	3.44
65	—	35	—	3.615
60	—	40	—	3.73
55	—	45	—	3.77
50	—	50	—	3.745
45	—	55	—	3.64
40	—	60	—	3.44
35	—	65	—	3.14
30	—	70	—	2.72
25	—	75	—	2.24
20	—	80	—	1.72
15	—	85	—	1.20
10	—	90	—	0.72
5	—	95	—	0.30
0	—	10°	—	» » »

DENSITÉ DES MÉLANGES D'EAU ET D'ALCOOL A — + 15

Alcool en volume degré alcoométrique	DENSITÉ	Alcool en volume degré alcoométrique	DENSITÉ	Alcool en volume degré alcoométrique	DENSITÉ	Alcool en volume degré alcoométrique	DENSITÉ	Alcool en volume degré alcoométrique	DENSITÉ
0	1.000	25	0.9711	50	0.9348	75	0.8779		
1	0.9985	26	0.9700	51	0.9329	76	0.8733		
2	0.9970	27	0.9690	52	0.9309	77	0.8726		
3	0.9956	28	0.9679	52	0.9289	78	0.8699		
4	0.9942	29	0.9668	54	0.9269	79	0.8672		
5	0.9929	30	0.9657	55	0.9248	80	0.8645		
6	0.9916	31	0.9645	56	0.9227	81	0.8617		
7	0.9903	32	0.9633	57	0.9206	82	0.8589		
8	0.9891	33	0.9621	58	0.9185	83	0.8560		
9	0.9878	34	0.9608	59	0.9163	84	0.8531		
10	0.9867	35	0.9594	60	0.9141	85	0.8502		
11	0.9855	36	0.9581	61	0.9119	86	0.8472		
12	0.9844	37	0.9567	62	0.9096	87	0.8442		
13	0.9833	38	0.9553	63	0.9873	88	0.8411		
14	0.9822	39	0.9538	64	0.9050	89	0.8479		
15	0.9812	40	0.6523	65	0.9027	90	0.8346		
16	0.9802	41	0.9507	66	0.9004	91	0.8312		
17	0.9792	42	0.9491	67	0.8980	92	0.8278		
18	0.9782	43	0.9474	68	0.8956	93	0.8242		
19	0.9773	44	0.9457	69	0.8932	94	0.8206		
20	0.9763	45	0.9440	70	0.8907	95	0.8168		
21	0.9753	46	0.9422	71	0.8882	96	0.8128		
22	0.9742	47	0.9404	72	0.8857	97	0.8086		
23	0.9732	48	0.9386	73	0.8831	98	0.8042		
24	0.9722	49	0.9367	74	0.8805	99	0.7996		
						100	0.7947		

TABLES DE LA DENSITÉ DE L'ALCOOL

A DIFFÉRENTES TEMPÉRATURES, D'APRÈS TRALLES

Alcool 0/0 en volume du liquide	\+ 1°1	\+ 1°7	\+ 4°7	\+ 7°2	\+ 10°0	\+ 12°8	\+ 15°6	\+ 18°3	\+ 21°1
0	0.9994	0.9997	0.9997	0.9998	0.9995	0.9994	0.9991	0.9987	0.9981
5	0.0924	0.9926	0.9926	0.9926	0.9925	0.9922	0.9919	0.9915	0.9909
10	0.9868	0.9868	0.9868	0.9867	0.9865	0.9861	0.9857	0.9852	0.9845
15	0.9823	0.9820	0.9820	0.9817	0.9813	0.9807	0.9862	0.9796	0.9788
20	0.9786	0.9782	0.9777	0.9772	0.9766	0.9759	0.9751	0.9743	0.9733
25	0.9753	0.9746	0.9738	0.9729	0.9720	0.9709	0.9700	0.9690	0.9678
30	0.9717	0.9707	0.9695	0.9684	0.9672	0.9659	0.9646	0.9632	0.9618
35	0.9671	0.9658	0.9644	0.9629	0.9616	0.9599	0.9583	0.9566	0.9549
40	0.9615	0.9598	0.9581	0.9563	0.9546	0.9528	0.9510	0.9471	0.9472
45	0.9544	0.9525	0.9506	0.9486	0.9467	0.9447	0.9427	0.9406	0.9385
50	0.9460	0.9440	0.9420	0.9399	0.9378	0.9356	0.9335	0.9313	0.9290
55	0.9368	0.9347	0.9325	0.9302	0.9279	0.9526	0.9234	0.9211	0.9187
60	0.9267	0.9245	0.9222	0.9198	0.9174	0.9150	0.9126	0.9102	0.9076
65	0.9162	0.9138	0.9113	0.9088	0.9063	0.9038	0.9013	0.8988	0.8962
70	0.9046	0.9021	0.8996	0.8970	0.8944	0.8917	0.8892	0.8866	0.8839
75	0.8925	0.8899	0.8873	0.8847	0.8820	0.8792	0.8765	0.8738	0.8710
80	0.8798	0.8771	0.8744	0.8716	0.8688	0.8659	0.8631	0.8602	0.8573
85	0.8663	0.8635	0.8606	0.8577	0.8547	0.8517	0.8488	0.8458	0.8427
90	0.8517	0.8486	0.8455	0.8425	0.8365	8.8363	0.8332	0.8300	0.8268

ACTIONS DES ACIDES. — Les acides minéraux ou organiques en réagissant sur l'alcool donnent des corps neutres appelés éthers. En voici quelques exemples.

$$1^0 \begin{cases} C^2H^5\,OH + CH^3\,COO = CH^3\,COO\,(C^2H^5) + H^2O. \\ \text{Alcool.} \quad \text{Ac. acétique.} \quad \text{Éther acétique.} \quad \text{Eau.} \end{cases}$$

$$2^0 \begin{cases} C^2H^5\,OH + SO^4H^2 = SO^2(OH).\,(O.\,C^2H^5) + H^2O. \\ \text{Alcool.} \quad \text{Ac. sul-} \quad \text{Ac. sulfovinique.} \quad \text{Eau.} \\ \qquad\qquad\quad \text{furique} \\ SO^2(OH).\,(OC^2H^5) + SO^4H^2 = SO^2(OC^2H^5)^2 + H^2O. \\ \text{Ac. sulfovinique.} \quad \text{Ac. sul-} \quad \text{Éther sulfu-} \quad \text{Eau.} \\ \qquad\qquad\qquad\quad \text{furique.} \qquad \text{rique} \end{cases}$$

Ce qu'on appelle acide sulfovinique est *l'éther acide*, tandis que l'éther obtenu dans la deuxième réaction est un *éther neutre* : ces deux éthers sulfuriques n'ont d'ailleurs rien de commun avec *l'éther ordinaire* $(C^2H^5)^2O$. qui s'obtient aussi par l'action de l'acide sulfurique sur l'alcool, mais dans des conditions toutes différentes.

$$3^0\ C^2H^5OH + PO^4H^3 = PO^4H^2(C^2H^5) + H^2O.$$
$$\text{Alcool.} \quad \text{Ac. phos-} \quad 1^0\ \text{Éther phos-} \quad \text{Eau.}$$
$$\text{phorique.} \qquad \text{phorique.}$$

1er Éther phosphorique, acide éthylphosphorique

$$2.\ C^2H^5OH + PO^4H^3 = PO^4\,(C^2H^5)^2 + H^2O.$$
$$\text{Alcool.} \quad \text{ac-phos-} \qquad 2^0\ \text{Éther} \qquad \text{Eau.}$$
$$\text{phorique} \quad \text{phosphorique.}$$

2e Éther phosphorique, acide diéthylphosphorique

$$3.\ C^2H^5OH + PO^4H^3 = PO^4\,(C^2H^5)^2 + H^2O.$$
$$\text{Alcool.} \quad \text{Ac-phos-} \quad 3^e\ \text{éther phos-} \quad \text{Eau.}$$
$$\text{phorique.} \quad \text{phorique neutre.}$$

ACTION DE L'OXYGÈNE. — L'alcool brûle à l'air avec une flamme bleuâtre en produisant de l'eau et de l'acide carbonique.

$$C^2H^6O + CO = 2CO^2 + 3H^2O.$$
$$\text{Alcool.} \quad \text{Oxy-} \quad \text{Ac. car-} \quad \text{Eau.}$$
$$\text{gène.} \quad \text{bonique.}$$

Soumis à des actions oxydantes lentes ou peu intenses l'alcool se transforme en *aldéhyde,* liquide incolore d'une odeur suffocante.

$$C^2H^6OH + O = CH^3COH + H^2O.$$

Alcool.   Oxy-   Aldéhyde.   Eau.
             gène.

Soumis à une action oxydante plus prolongée ou plus intense, il se transforme en *acide acétique* que l'on retrouve dans le vinaigre.

$$C^2H^5OH + 2O = CH^3COOH + H^2O.$$

Alcool.   Oxy-   Acide acéti-   Eau.
             gène.   que.

ALCOOL ABSOLU.— Les procédés de distillation et de rectification, quelque parfaits qu'ils soient, sont insuffisants pour obtenir directement et sans agent étranger de l'alcool parfaitement anhydre C^2H^5OH.

Il faut avoir recours à des agents très avides d'eau. Quand, à l'aide d'un appareil perfectionné, on a obtenu un alcool titrant 97°, à l'alcoomètre Gay-Lussac, on a, à peu de chose près, obtenu le maximum de concentration. Pour l'amener à 100° il faut le distiller sur de la chaux vive, et par un tour de main assez simple on y arrive facilement. Il faut seulement prendre certaines précautions et ne pas faire la distillation à feu nu, mais au bain-marie car les vapeurs alcooliques s'enflamment facilement et on s'exposerait à de terribles explosions. En recommençant l'opération précédente une deuxième fois on obtient l'alcool titrant presque 100°. Pour en extraire les dernières traces d'eau, on agite avec de la baryte caustique, on décante et le produit de la décantation est distillé.

Pour s'assurer si l'alcool traité comme nous venons de

le dire est parfaitement anhydre ou privé d'eau, on peut employer les procédés suivants ;

1° En agitant l'alcool à étudier avec du sulfate de cuivre bien sec, si le sel devient bleu, c'est qu'il y a de l'eau ; dans le cas contraire, il reste blanc.

2° Quand on agite de la benzine avec de l'alcool, le liquide se trouble, s'il n'est pas anhydre ; car l'eau trouble la benzine, même quand la quantité en est très minime.

3° Berthelot emploie un procédé encore plus sensible et plus sûr, c'est l'addition à l'alcool à essayer d'une certaine quantité d'alcoolate de baryte $C^2H^6O + 2\,BaO$, préparé par la dissolution de la baryte caustique dans l'alcool absolu. Si l'alcool en essai contient la moindre trace d'eau, il se trouble par cette addition, et il se précipite de l'hydrate de baryte.

Impuretés de fabrication

Nous venons d'étudier le principal produit de la fermentation des matières sucrées : l'alcool éthylique ; mais dans cet acte important, les choses ne se passent pas aussi simplement qu'on pourrait le penser. Il est évident que, si on fait agir le ferment sur une solution de sucre absolument pure, on arrivera à obtenir un produit bien déterminé, dont nous trouverons l'équation de fermentation au chapitre traitant de la fermentation ; mais là n'est pas le cas industriel. Nous mettons en opération des matières sucrées qui sont loin d'être pures et qui, par conséquent, doivent donner lieu à la production de corps très variés.

Non seulement il se produit de l'alcool éthylique, mais selon les substances employées, des alcools propylique, butylique, amylique, caproïque, œnantylique, etc. etc., dits alcools supérieurs ou *de queue* et toute une série de produits dits *de tête*, tels que les aldéhydes, les éthers, dont le point d'ébullition est inférieur à celui de l'alcool.

Ce sont tous ces corps qui nous occuperont, lorsque nous arriverons à la rectification, et qui motiveront, pour leur séparation de l'alcool éthylique, l'emploi d'appareils si compliqués et de procédés si variés, qu'ils ont donné lieu à de nombreux travaux de la part des chimistes les plus éminents.

Il est bon que nous connaissions brièvement ces corps et quelques-unes de leurs propriétés.

L'alcool *propylique* $C^2H^5CH^2OH$ ou C^3H^8O provient des marcs de raisin et se trouve dans les eaux-de-vie, de pur vin et de marcs. Chancel l'a isolé, en a déterminé la formule et le point d'ébullition qui est 97°,4.

L'alcool *butylique* $C^3H^7CH^2OH$ ou $C^4H^{10}O$ provient de la betterave, bout à 112°. Nous devons l'étude de ce corps à Würtz.

Remarquons en passant, que plus la formule d'un alcool s'élève, plus le point d'ébullution suit la progression.

L'alcool *amylique* $C^4H^9CH^2OH$ ou $C^5H^{12}O$, découvert par Schüle, bout à 132°, est extrait de la fécule de pomme de terre.

L'alcool *caproïque* $C^5H^{11}CH^2OH$, étudié par Faguet, bout à 150°; comme l'alcool propylique, il existe dans les marcs de raisin et se retrouve dans les alcools et eaux-de-vie de pur vin.

L'alcool *œnanthylique* $C^6H^{13}CH^2OH$ ou $C^7H^{16}O$ vient du raisin, mais est encore peu connu ; c'est cependant un alcool supérieur qui bout à 175°.

L'alcool *caprylique* $C^7H^{15}CH^2OH$ ou $C^8H^{18}O$ bout à 179°. Son étude a été faite principalement par Bouis. Il est peu important à notre point de vue.

C'est de toute cette série d'alcools supérieurs qu'il faudra nous débarrasser dans l'opération de la rectification, car ils sont non seulement toxiques, mais leur goût désagréable met un obstacle à l'emploi des alcools d'industrie qui en sont trop chargés.

Nous passerons ensuite à la série des produits de tête, c'est-à-dire ceux dont le point d'ébullition est inférieur à celui de l'alcool éthylique.

L'aldéhyde éthylique CH^2COH ou CH^2H^3O bout à 21°.

     id.   *propylique* C^2H^5COH ou C^3H^6O,

     id.   *butylique* C^3H^7COH ou C^4H^8O bout à 95° qui forment, en terme de distillerie, les *mauvais goûts de tête*.

A côté des aldéhydes, nous devons signaler les éthers qui sont en grand nombre, parmi lesquels nous citerons l'*éther acétique* qui existe dans le vin et les vinaigres et bout à **74°**, l'*éther métylacétique*, etc. Signalons aussi l'*acétone* qui se produit surtout dans la distillation sèche d'un grand nombre de matières organiques. Font encore partie des produits de tête l'ammoniaque ordinaire et les ammoniaques composées douées d'odeurs infectes. Nous devons faire une place spéciales à certains produits de queue comme le *furfurol*, ou aldéhyde pyroglucique qui bout à 162° et prend surtout naissance dans l'action des acides sur les sons des graines et dans la torréfaction des matières organiques. De même, les *huiles essentielles* particulières à chaque produit d'origine, très tenaces et très difficiles à éliminer.

Si la présence d'un certain nombre de ces corps ne peut être complètement évitée : aldéhydes acides, éthers, nous verrons qu'il en est d'autres, comme les alcools supérieurs, qui prennent naissance à la fin de la fermentation dont on peut réduire beaucoup les quantités par des soins spéciaux, des procédés particuliers de fermentation.

CHAPITRE III

I. MATIÈRES ALCOOLISABLES

Certains *sucres* soumis à la *fermentation*, c'est-à-dire à l'action physiologique et chimique exercée par un être vivant appelé *ferment,* se transforment en alcool, en acide carbonique et en un certain nombre d'autres produits : tel est le principe de l'alcoolisation. Donc toute substance pouvant fournir du sucre peut fournir de l'alcool. Il existe un grand nombre de composés organiques ternaires naturels dont l'oxygène et l'hydrogène sont en proportion convenable pour former de l'eau. L'analogie de leur composition et de la plupart de leurs propriétés les a fait réunir en une seule classe naturelle : les *hydrates de carbone.*

L'étude de ces hydrates de carbone va nous permettre de passer en revue les principales matières alcoolisables, c'est-à-dire les principales substances susceptibles de se transformer en sucre capable de subir la fermentation.

On les divise en cinq groupes : les glucoses, les saccharoses, les amyloses, les dextrines, les celluloses.

GLUCOSES. — Les glucoses répondent à la formule $C^6H^{12}O^6$, ils fermentent directement sous l'action de la levure de bière. Les principaux glucoses sont : le *glucose ordinaire* et le *lévulose.* Le glucose est très répandu dans les végétaux. On le rencontre associé au lévulose dans les prunes, les raisins, les figues, etc. Il est le produit de l'hydratation par les acides minéraux étendus ou par certains ferments : de l'amidon, des saccharoses, des glucosides.

$$C^6H^{10}O^5 + H^2O = C^6H^{12}O^6$$

Amidon   Eau   Glucose

$$C^{12}H^{22}O^{11} + H^2O = C^6H^{12}O^6 + C^6H^{12}O^6$$

Sucre de   Eau   Glucose   Levulose
canne
ou saccharose   Sucre interverti

Industriellement, le glucose se prépare en saccharifiant dans des autoclaves la fécule par l'acide sulfurique étendu. Il fermente sous l'action de la levure de bière ; de plus il jouit de propriétés réductrices très énergiques.

Saccharoses. — Ils ont pour formule $C^{12}H^{22}O^{11}$; leur propriété essentielle est de fixer une molécule d'eau sous l'influence des acides étendus ou de divers ferments et de se dédoubler en deux glucoses.

$$C^{12}H^{22}O^{11} + H^2O = C^6H^{12}O^6 + C^6H^{12}O^6$$

Sucre de   Eau   Glucose   Levulose
canne   Sucre interverti

Ils ne fermentent qu'après cette transformation. Les principaux sont le *sucre de canne* ou *sucre de betterave* appelé *saccharose* proprement dit, le *maltose*, le *lactose*, etc.

Le *saccharose* est blanc, cristallisé, d'une saveur douce et agréable, soluble dans l'eau, insoluble dans l'alcool absolu. L'acide sulfurique concentré le carbonise rapidement ; les acides minéraux étendus le transforment en sucre interverti : mélange de glucose et de lévulose. Le saccharose se combine avec les bases fortes pour former des sucrates.

Le *maltose* se forme quand on soumet les matières amylacées à l'action de la diastase contenue dans l'orge germée ; il est directement fermentescible et jouit de propriétés réductrices.

AMYLOSES. — Ils ont pour formules des multiples de $C^6H^{10}O^5$. Ils proviennent de la déshydratation de plusieurs molécules de glucose et inversement par hydratation ils peuvent donner naissance à des glucoses. Ils comprennent *l'amidon* et la *fécule, l'inuline*, les *mucilages*, etc.

L'*amidon* se rencontre abondamment chez les végétaux, il est insoluble dans l'eau, l'alcool, l'éther. Si l'on chauffe l'amidon avec de l'eau vers 75°, les grains qui le constituent, se gonflent et forment l'*empois d'amidon*.

Soumis à l'action de la chaleur, l'amidon, après s'être desséché se transforme en une variété d'amidon, l'*amidon soluble*, puis ensuite devient de la *dextrine*. Les acides minéraux étendus produisent une série de déshydratations successives : amidon soluble, dextrine, puis glucose. Certains ferments solubles comme la diastase contenue dans l'orge germée, comme l'invertine contenue dans la levure de bière jouissent de la même propriété que les acides étendus.

DEXTRINES. — Les dextrines sont des hydrates de carbone qui dérivent directement des amyloses par hydratation :

$$(C^6H^{10}O^5)^n + H^2O = C^{12}H^{22}O^{11} + (C^6H^{10}O^5)^{(n-2)}$$
$$\text{Amidon} \qquad\qquad \text{Maltose} \qquad \text{Dextrine}$$

La dextrine proprement dite, le glycogène, les gommes, etc., sont des dextrines.

La dextrine pure, que l'on obtient par hydration de l'amidon sous l'action des acides étendus ou de la diastase, est amorphe, d'un blanc jaunâtre, légèrement soluble dans l'eau, insoluble dans l'alcool, et se transforme en glucose par l'eau bouillante.

CELLULOSES. — Les celluloses forment pour la plupart les tissus des végétaux. La cellulose pure est blanche, insoluble dans l'eau, l'alcool, l'éther, etc. Sous l'action de l'acide sulfurique concentré, elle peut se désagréger et se dissoudre, constituant la cellulose soluble, ou bien, si la chaleur intervient, donner un mélange de deux glucoses fermentescibles.

Donc, en résumé, nous avons vu que :

1° Le glucose fermente directement sous l'action de la levure ;

2° Le saccharose ne fermente qu'après avoir subi une action hydratante qui le décompose en deux glucoses ;

3° L'amidon sous l'action des acides étendus se transforme en dextrine puis en glucose ;

4° La cellulose sous l'action de l'acide sulfurique concentré produit deux glucoses fermentescibles.

Et par conséquent, toutes les matières contenant les éléments précédents sont des matières alcoolisables :

1° Les glucoses en général et les jus de tous les fruits acides, raisins, pommes, poires, figues, cerises, merises, dattes ;

2° Les sucres de canne, de betterave, les mélasses, les jus de canne, de betterave, de carotte, etc. ;

3° La fécule, l'amidon, les racines féculentes (pomme de terre, topinambour, panais asphodèle, etc.), les grains et fruits amylacés (froment, seigle, orge, riz, maïs, millet, sorgho, fèves, pois, etc.) ;

4° La cellulose dans toutes ses états : sciure de bois, paille, coton, linge, feuilles, etc.

II. FERMENTATION

FERMENTATION ALCOOLIQUE. — Nous venons de voir par quel processus on pouvait obtenir du sucre et du glucose. Il nous faut expliquer maintenant comment et sous quelle influence le sucre se transforme en alcool. Cette transformation se fait pendant la *fermentation*. Würtz en donne la

définition suivante : « Une fermentation est une réaction
chimique dans laquelle un composé organique (la matière
fermentescible) se modifie, dans un sens déterminé, sous
l'action d'un autre composé organique (le ferment) qui
ne fournit rien de sa propre substance aux produits de
la réaction, ceux-ci étant formés uniquement aux dépens de
la matière fermentescible ». La nature de la fermentation
dépend donc du milieu dans lequel elle se produit et de la
nature du ferment. Le ferment est un être de nature organique, mais il est, de plus, un être organisé : c'est un végétal
et c'est à l'accomplissement de ses fonctions physiologiques
que l'on doit attribuer les modifications qu'il fait éprouver à
la matière fermentescible. C'est pourquoi Pasteur disait :
« L'acte chimique de la fermentation est essentiellement un
phénomène corrélatif d'un acte vital, commençant et s'arrê-
tant avec ce dernier. Il n'y a jamais fermentation sans qu'il
y ait simultanément organisation, développement, multi-
plication de globules, ou vie poursuivie, continuée de globules déjà formés ».

Le *ferment alcoolique* est une cellule ovale, qui se compose
d'un protoplasme incolore, homogène ou granuleux enve-
loppé d'une mince membrane transparente et pourvu souvent d'une vacuole. Placée dans de bonnes conditions la cellule se gonfle, se gorge de matière assimilée, la membrane
cède bientôt en un point et l'on voit apparaître un bourgeon
qui s'allonge, puis s'étrangle à la base et s'isole complètement de la cellule mère, constituant ainsi un nouvel organisme susceptible de se multiplier comme celui dont il est
issu ; c'est la reproduction par bourgeonnement. Placé
dans de mauvaises conditions extérieures le ferment ne sau-
rait se reproduire ; il prend au contraire une forme de résistance, le protoplasme des cellules se condense puis se répar-
tit en plusieurs petits amas qui s'entourent d'une membrane
épaisse constituant ainsi chacun une *spore*, offrant une

résistance considérable aux agents extérieurs et qui, soumis aux influences d'un favorable milieu, germera en donnant naissance à des cellules de ferment alcoolique. La composition de ces dernières est la suivante :

Carbone	44 à 50
Hydrogène	6 à 7,16
Azote	9,25 à 12
Oxygène	35,8
Soufre	0,6
Matières minérales	5,8

L'action de la chaleur est prépondérante sur cet organisme et la température la plus favorable à son développement est comprise entre 25° et 30°. Tandis que les cellules de levure ne sauraient résister même desséchées, à une température de 100° et que 70° suffisent à la tuer si elle est fraîche, les spores résistent parfaitement à 110°.

L'eau entre pour 80 0/0 dans le poids de la levure fraîche. La présence de ce liquide est donc indispensable au ferment pour son développement. Après l'eau le principal aliment est le sucre ; mais tandis que la levure peut faire fermenter directement le glucose, le maltose, le lævulose, il lui faut invertir au préalable le saccharose avant de pouvoir s'en nourrir ; elle y parvient en sécrétant une diastase qui transforme le saccharose en sucre interverti, mélange de glucose et de lævulose. Au sucre, le ferment emprunte le carbone nécessaire à sa constitution ; aux sels ammoniacaux et surtout aux matières albuminoïdes dyalisables, il emprunte l'azote dont il a besoin. Les sels minéraux eux aussi son nécessaires à sa nutrition ; ce sont surtout le phosphate de potasse, le sulfate de magnésie, le phosphate de chaux qui semblent être les plus indispensables.

Lorsque la levure vit à l'air libre, elle se multiplie abondamment aux dépens du sucre que l'on met à sa disposition et de l'oxygène de l'air, en excrétant surtout de l'acide carbonique. Lorsque cet organisme vit dans un milieu où le renouvellement de l'air ne se fait qu'avec difficulté, c'est-à-dire dans un milieu contenant les produits de sa respiration et qui lui sont nuisibles, il passe à l'état de vie latente, le bourgeonnement des cellules se ralentit et il se produit une forte proportion d'alcool ; ce sont ces dernières conditions que l'on doit s'efforcer de réaliser dans l'industrie.

FERMENTATIONS DIVERSES.—A côté des différentes espèces de ferment alcoolique : Saccharomyces pastorianus, S. ellipsoïdeus, S. cerevisœ, il peut exister dans un liquide sucré d'autres microrganismes qui produisent ce qu'on appelle les *fermentations secondaires*, qui ont pour résultat d'introduire à côté de l'alcool un certain nombre d'impuretés dont l'industriel devra se débarrasser ultérieurement.

Fermentation acétique. Elle est causée par le *mycoderma aceti* ou *micrococcus aceti*, le ferment du vinaigre, dont la propriété principale est de fixer l'oxygène de l'air sur l'alcool et d'en faire de l'acide acétique,

$$CH^3.CH^2OH + 2.O = CH^3.COOH + H^2O$$
$$\text{Alcool} \qquad\qquad \text{Acide acétique}$$

Ce dédoublement de l'alcool exige la présence des matières albuminoïdes et de l'air.

Fermentation lactique. Il est dû à un ferment le *bacillus lacticus* qui transforme le glucose en acide lactique,

$$C^6H^{12}O^6 = 2,C^3H^6O^3$$
$$\text{Glucose} \qquad \text{Acide lactique}$$

Les conditions d'une bonne fermentation lactique sont : la présence des matières azotées fournissant les éléments nécessaires au développement du mycoderme, la neutralité du liquide et la présence de l'air.

Fermentation butyrique. Elle est produite par le *bacillus butyricus* qui jouit de la propriété de transformer l'acide lactique en acide butyrique.

$$C^6H^{12}O^6 = C^4H^8O^2 + 2,CO^2 + 2,H^2$$
Glucose   Acide butyrique

C'est pour ainsi dire la prolongation de la fermentation lactique. La fermentation doit s'effectuer à l'abri de l'air.

Enfin nous terminerons ce chapitre un peu aride en signalant :

1° Le *bacille butylique* de Fitz qui transforme le sucre ordinaire, après inversion, en acide butyrique et qui fournit en outre une certaine quantité d'acide butylique ;

2° Le *bacille amylozyme* de M. Perdrix qui se développe surtout après la fermentation alcoolique normale et fournit de l'alcool amylique ou huile de pomme de terre ;

3° La *levure chinoise* étudiée par M. Calmette, qui semble être le résultat de la fusion physiologique d'une moisissure, l'amylomices Rouxii qui transforme l'amidon en sucre et d'une levure du groupe des saccharomyces qui fait fermenter le sucre mis à sa disposition.

III. SOURCES DE L'ALCOOL.

Il est de toute évidence de songer à extraire l'alcool des produits qui en contiennent naturellement.

C'est là une première source de l'alcool. On obtient ainsi des produits parfumés possédant un bouquet spécial rappelant le goût des matières dont ils sont extraits.

Ce sont les *eaux-de-vie* que l'on désigne encore sous le

nom de *spiritueux naturels* par opposition aux *alcools d'industrie* dont nous parlerons plus loin.

Nous examinerons donc tout d'abord la confection des *eaux-de-vie de vin*, de *cidre*, de *marcs*, de *fruits*.

Nous avons vu précédemment que toute matière contenant du saccharose est susceptible de fournir de l'alcool.

Nous aurons donc à étudier successivement les industries suivantes :

Distillerie de betteraves.

Distillerie de mélasses.

D'autre part, les substances capables de fournir de l'amidon, peuvent aussi fournir de l'alcool.

C'est ainsi qu'ont pris naissance :

La *distillerie de pommes de terre.*

La *distillerie de grains.*

Ces quatre industries que nous venons de citer fournissent des alcools impurs désignés sous le nom de *flegmes* qui, pour être livrés au commerce ont besoin d'être débarrassés de leurs impuretés par la *rectification*.

DEUXIÈME PARTIE

Les Eaux-de-vie

CHAPITRE PREMIER

L'EAU-DE-VIE DE VIN.

Le vin est un des premiers produits dont on a eu l'idée de retirer l'alcool, mais pendant bien des siècles, les procédés furent des plus primitifs ; déjà, dans l'origine de l'alcool, nous avons décrit les premiers appareils en usage ; aussi, nous ne reviendrons pas sur ce sujet, nous bornerons notre travail à la description des procédés les plus nouveaux, car seuls ils ont un intérêt pour nous.

L'ancien système de distillation était employé chez chaque producteur à l'aide d'appareils très rudimentaires exigeant des soins spéciaux et une grande attention pour les diriger, mais on produisait ainsi des eaux-de-vie d'une finesse de goût absolument remarquable.

Voici le procédé encore en usage dans certaines régions :

On se sert d'un alambic simple muni d'un chauffe-vin à la partie supérieure de la chaudière, qui, elle, est munie d'un robinet de décharge. Cet alambic, encastré dans un massif de maçonnerie, ne laisse la flamme du foyer en contact qu'avec un tiers de sa surface, Pour mettre en marche l'appareil, on commence par y introduire 3 hectolitres de vin et la même quantité dans le chauffe-vin. On chauffe et on recueille environ 130 litres d'un premier liquide qui s'appelle *premier brouillis*. On vide la chaudière et on y introduit le vin du chauffe-vin, qu'on remplit immédiatement, on chauffe de nouveau et on recueille encore une même quantité de 130 litres de *deuxième brouillis* (Fig. 1).

Continuant l'opération comme plus haut, on fait un *troisième brouillis*. Pour faire le *quatrième brouillis*, au lieu de mettre du vin neuf dans le chauffe-vin, on y introduit les trois premiers brouillis et on en obtient ainsi un quatrième.

On vide alors la chaudière, on y introduit tous les brouillis et du vin neuf dans le chauffe-vin. On distille, les trois premiers litres sont mis de côté pour être versés dans les brouillis futurs, et on continue le travail tant que le liquide qui passe résiste à la *preuve*. La preuve des cognaçais consiste à remplir une fiole longue et étroite, en verre épais, aux deux tiers, fermer l'orifice avec le pouce, donner une secousse brusque, et suivant le nombre et la grosseur des bulles (Bouclettes) qui montent, on juge de la force de l'eau-de-vie.

L'eau-de-vie ainsi obtenue, marque 60 à 68 degrés. On continue cependant la distillation des brouillis jusqu'à ce qu'il ne passe plus que de l'eau ; le liquide, mis de côté, est plus tard redistillé pour être amené au degré voulu.

Il est facile de le voir, une telle opération était compliquée. Distillait-on trop rapidement ? L'eau-de-vie n'était pas assez concentrée. La distillation était-elle trop lente ? On risquait de faire trop de rectification. D'autre part, les matières coagulées gagnaient le fond de la chaudière, se brûlaient, se caramélisaient et communiquaient ainsi de mauvais goûts.

Aussi, aujourd'hui on recherche des appareils qui donnent du premier coup de l'alcool à 50°. Ces instruments

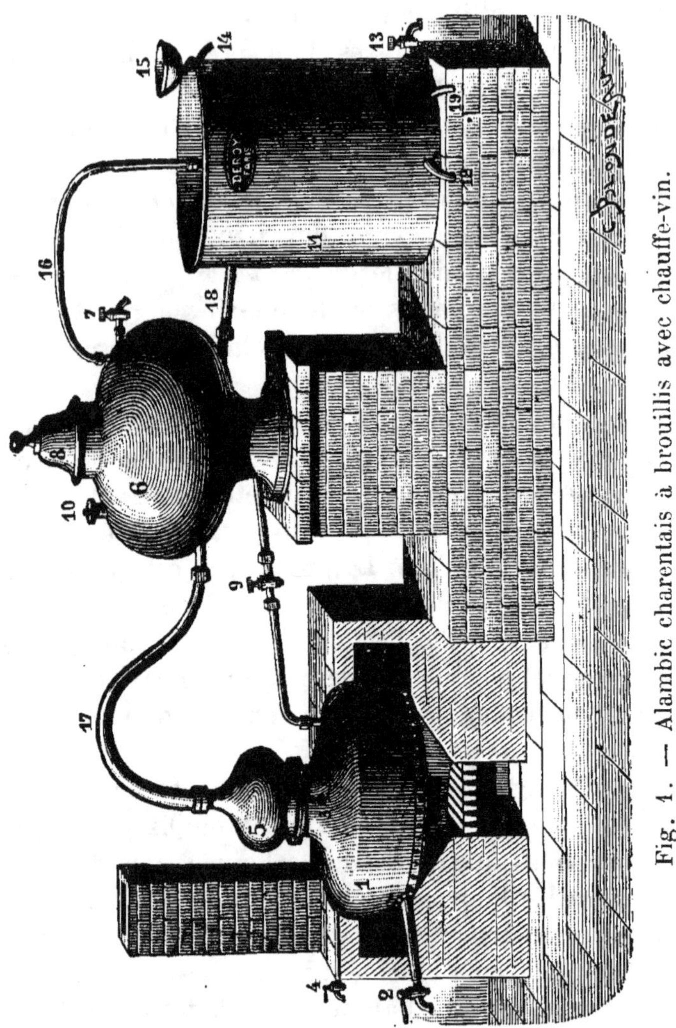

Fig. 1. — Alambic charentais à brouillis avec chauffe-vin.

sont pourvus d'organes de rectification permettant d'élever le degré de l'alcool tout en éliminant une partie des produits empyreumatiques communiquant un goût trop prononcé aux alcools obtenus.

APPAREILS INTERMITTENTS. — Un premier perfectionnement réside dans l'emploi des *alambics brûleurs* constitués par une chaudière cylindrique fermée par un chapiteau rectificateur comme par un simple couvercle, au moyen d'un joint hydraulique ou d'un joint hermétique à verrous ; cette chaudière est en relation avec un serpentin constamment refroidi, par un col-de-cygne (Fig. 2).

Le fonctionnement de ces sortes d'appareils est simple :

On commence par charger la chaudière 1 du liquide ou des matières à distiller, on replace le chapiteau 3 qui s'emboîte librement dans le rebord supérieur de la chaudière, on relie le chapiteau au serpentin 7, par le col-de-cygne 6, et l'on allume le feu après avoir rempli d'eau le réfrigérant 8.

Les vapeurs venant de la chaudière, arrêtées par un diaphragme intérieur, sont obligées, avant d'arriver au col-de-cygne, de lécher en couche très mince toute la surface interne du chapiteau, lequel, par une disposition spéciale, est maintenu humecté extérieurement d'une manière uniforme au moyen de l'écoulement par le robinet et tuyau 10 d'une partie de l'eau tiède du trop-plein du réfrigérant.

Les vapeurs d'eau et les huiles empyreumatiques qui s'élèvent de la chaudière se trouvent ainsi condensées à leur passage sous le chapiteau, de sorte qu'il n'arrive au col-de-cygne que des vapeurs riches et épurées : celles-ci se condensent dans le serpentin et le produit en est recueilli à la sortie 13.

Un autre perfectionnement a été réalisé en ajoutant à ces alambics brûleurs des rectificateurs.

Le *Rectificateur, système Egrot,* se compose de deux sphères concentriques. La sphère intérieure est parcourue par un courant d'eau qui arrive par l'entonnoir et sort par un tube flexible en étain.

L'eau se répand sur la sphère extérieure, *recouverte d'une toile grossière* qui assure la répartition régulière de l'eau. Le tube en étain flexible permet d'amener le courant d'eau exactement au sommet de la sphère, même en admettant

Fig. 2. — Alambic brûleur.

que le réfrigérant ne soit pas d'aplomb. On règle le courant d'eau de telle façon que la sphère extérieure soit bien imbibée, mais qu'une très petite quantité d'eau seulement tombe de la sphère dans la bâche du serpentin (Fig. 3).

Les vapeurs alcooliques qui arrivent par le col-de-cygne à la partie inférieure du rectificateur se répandent dans l'in-

tervalle compris entre les deux sphères concentriques, et
s'élèvent jusqu'à la partie supérieure. Les vapeurs aqueuses
se condensent au contact des parties refroidies, et les con-
densations rétrogradent naturellement vers la chaudière.
Les vapeurs alcooliques qui ont résisté à la condensation
s'engagent dans le tube du serpentin qui monte jusqu'à la
partie supérieure du rectificateur.

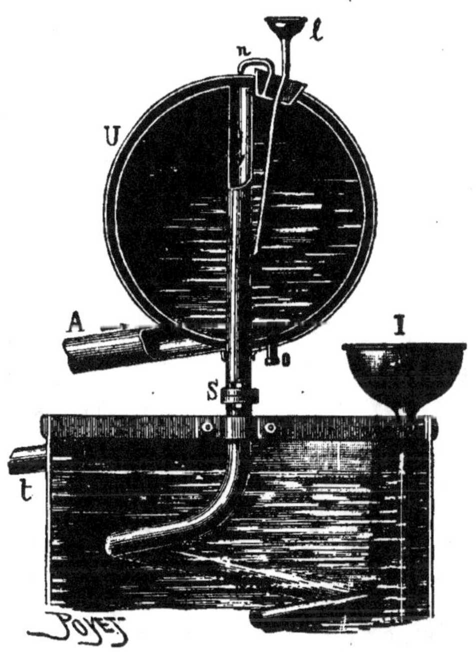

Fig. 3. — Coupe du rectificateur sphérique.

La maison *Deroy* dispose entre la chaudière et le réfrigérant un disque lenticulaire et même quelquefois plusieurs
les uns au-dessus des autres. A l'intérieur de cette lentille et
suspendu à la face supérieure se trouve une plaque de
tôle qui constitue un bouclier empêchant les vapeurs de se

diriger trop rapidement vers le serpentin. Entre ce bouclier
et la face supérieure de la lentille, on a disposé une feuille de
cuivre roulée en spirale qui force les vapeurs à circuler de
la circonférence au centre, et de se refroidir par l'action d'un
courant d'eau froide glissant à la surface de la lentille.

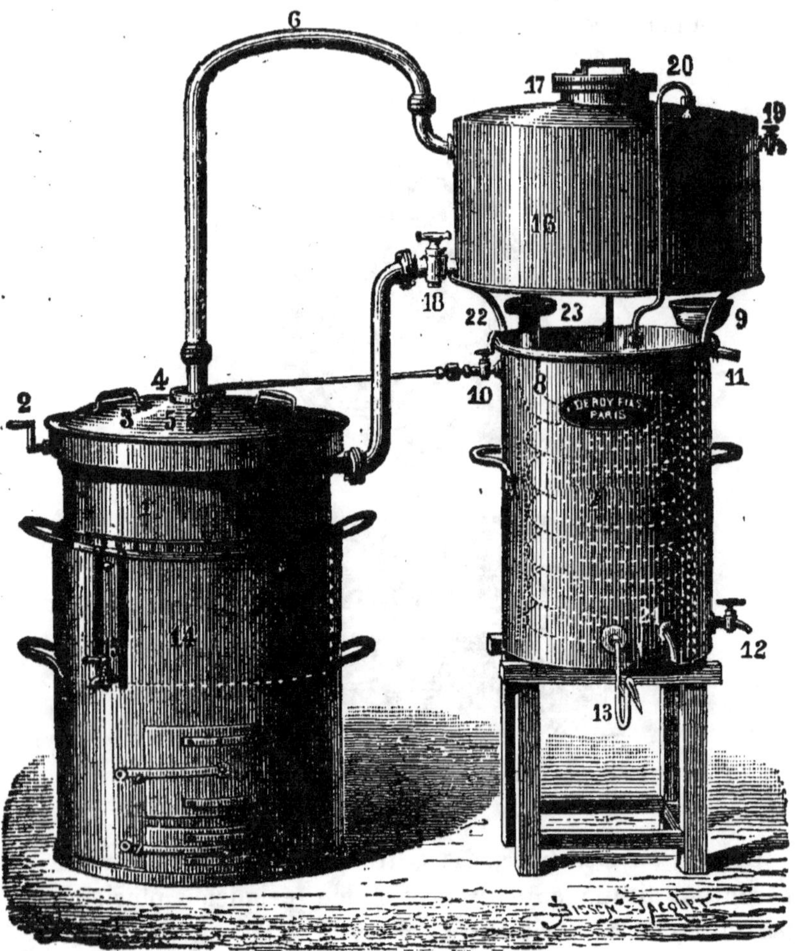

Fig. 4. — Alambic brûleur à chauffe-vin.

D'autre part, dans tous ces appareils, pour économiser

3

le chauffage et l'eau employée à la réfrigération on refroidit les vapeurs qui ont distillé par du vin qui en même

Fig. 5. — Alambic brûleur à chauffe-vin monté sur chariot.

temps s'échauffe (Fig. 4). On s'est aperçu qu'une partie
des éthers contenus dans le vin se volatilisent pendant

le chauffage de ce dernier dans le *chauffe-vin* ; aussi on les recueille au moyen d'un petit tube qui les dirige vers le réfrigérant à eau froide où ils sont condensés et recueillis dans une éprouvette spéciale pour être ajoutés aux produits de la distillation.

Pour faciliter la manœuvre et la vidange de la chaudière, on la munit généralement de dispositifs particuliers permettant de la faire basculer complètement et par cela même de la vider et de la nettoyer aussi rapidement que l'on veut.

Tous les appareils que nous venons de décrire doivent s'installer à poste fixe. Pour les bouilleurs ambulants, pour les propriétaires ayant à distiller dans des endroits éloignés les uns des autres on a établi des appareils plus robustes et montés sur chariot (Fig. 5).

APPAREILS CONTINUS. — Certains alambics, établis par la maison *Besnard*, de petit volume, construits entièrement en cuivre rouge donnent, d'un seul jet, et d'une façon continue, des eaux-de-vie d'un titre élevé, sans avoir besoin d'eau pour le réfrigérant (Fig. 6).

En voici la description et le fonctionnement :

Prenons l'alambic dans sa marche normale :

Le liquide à distiller arrivant d'un tonneau placé au niveau du tuyau D, pénètre par ce tuyau dans le régulateur N, s'introduit par le tube O dans le réfrigérant C chauffe-vin. En ce lieu, le liquide à distiller absorbant la chaleur de condensation des vapeurs alcooliques contenues dans le serpentin, s'échauffe. Ainsi, contrairement aux alambics ordinaires à distillation intermittente, la chaleur perdue par l'échauffement de l'eau dans le réfrigérant, se trouve récupérée par le liquide à distiller ; de là une notable économie de combustible et la grande puissance de distillation de ces appareils peu volumineux.

Le liquide réchauffé, arrivant à la partie supérieure du réfrigérant, descend par le tube G dans le godet L. Il se

répand en couches minces sur les plateaux de la colonne B.
La grande surface de vaporisation ainsi produite facilite le
dégagement des vapeurs de natures différentes suivant les
températures respectives de chacun des plateaux. Les
vapeurs des alcools lourds ou de mauvais goût se dégagent
à la partie inférieure de la colonne, partie la plus chaude,
elles sont condensées sur les plateaux supérieurs et rétro-

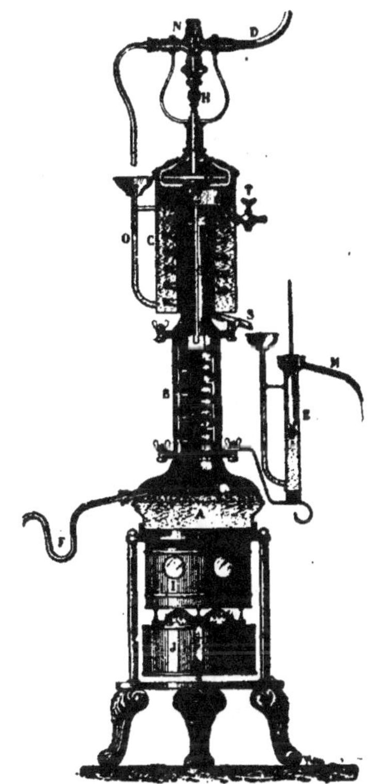

Fig. 6. — Alambic à distillation continue.

gradent dans la chaudière A. Celle-ci ne contient donc que
le liquide complètement épuisé de son alcool bon goût et les
huiles lourdes.

Il est à remarquer que les vapeurs du liquide contenu dans la chaudière, s'élevant dans la colonne, chauffent le liquide à distiller répandu sur les plateaux.

Cette remarque est importante, car elle montre bien que le liquide à distiller est chauffé « à la vapeur » et progressivement, puisqu'à mesure de sa descente dans la colonne, sa température augmente, facilitant ainsi le dégagement méthodique et complet des vapeurs d'alcool de bon goût.

Le liquide épuisé existant dans la chaudière A s'échappe par le siphon F̄ recourbé à l'effet d'éviter la sortie des vapeurs.

Les vapeurs alcooliques, après rectification, montent dans le cône P, s'introduisent dans le serpentin et s'y condensent. L'eau-de-vie sort par l'extrémité S du serpentin et vient remplir l'éprouvette E, dans laquelle plonge un alcoomètre indiquant le titre de l'eau-de-vie.

Celle-ci s'écoule par le tube M dans une bouteille ou tout autre récipient.

Dans la distillation continue à 85°, la marche reste la même ; on monte au préalable la *colonne de rectification* entre la colonne B et le réfrigérant C.

A côté de ces appareils de faible production, nous devons en citer d'autres, utilisés pour les grandes productions et dans tous les cas où le distillateur n'est pas tenu à livrer une eau-de-vie de qualité très supérieure. Ils se composent d'une *chaudière* surmontée d'une *colonne distillatoire* formée par la superposition de plusieurs plateaux disposés de façon à permettre le dégagement des vapeurs alcooliques. A la colonne de distillation fait suite la *colonne à rectifier* sur le chapiteau de laquelle repose le col de cygne qui conduit la vapeur dans la partie tubulaire d'un *chauffe-vin* au-dessous duquel se trouve installé un *réfrigérant* (Fig. 7).

Le vin froid commence à s'échauffer dans le *chauffe-vin* arrive au plateau supérieur de la colonne de distillation

Fig. 7. — Appareil de distillation continue.

descend de plateau en plateau et rencontre la vapeur d'eau provenant de la chaudière ; il s'échauffe, les vapeurs d'alcool s'analysent en remontant, elles parviennent dans la colonne de rectification, s'y concentrent et de là vont se refroidir dans le chauffe-vin d'abord, puis se condenser totalement dans le réfrigérant.

Enfin, signalons les *appareils à distillation continue et fractionnée* de la maison Deroy, qui permettent de produire en grande quantité des eaux-de-vie dont les mauvais goûts de tête et de queue sont éliminés au fur et à mesure de leur production, afin de recueillir des produits fins comparables à ceux que l'on obtient seulement dans les appareils intermittents (Fig. 8).

Le gravure représente l'appareil complet, formé par un groupe de quatre chaudières, 1, 2, 3, 4, disposées en gradins.

Le vin ou le jus fermenté arrive dans le chauffe-vin 29 par le tuyau 44 de la cuvette 43. — Là, au contact de la chaleur rayonnée par les quatre serpentins, dans lesquels passent les vapeurs provenant des quatre chaudières, il s'échauffe ; puis, passant par le tuyau 16, gagne la chaudière 1, circule dans la spirale intérieure ; gagne par le tube 13, la spirale de la chaudière 2, en ressort par le tube 14, arrive dans la spirale de la chaudière 3 et passe par le tube 15 dans la spirale de la chaudière 4 pour s'échapper définitivement par le tube 45.

Pendant ce long parcours, les vapeurs alcooliques du vin en distillation se sont dégagées, savoir : celles emportant les mauvais goûts de tête, de la chaudière 1, d'où elles s'échappent par le col-de-cygne 25, pour être recueillies condensées à l'éprouvette 39 ; celles constituant l'eau-de-vie bon goût, des deux chaudières centrales 2 et 3, pour être recueillies condensées aux éprouvettes 40 et 41 ; enfin, celles imprégnées de mauvais goûts de queue, de la chaudière inférieure 4, pour être recueillies condensées à l'éprouvette 42.

Lorsque la proportion de mauvais goûts de tête est relativement faible, on place un serpentin de chauffe dans le

Fig. 8. — Appareil de distillation continue et fractionnée.

haut du chauffe-vin, de façon à extraire directement de cet organe les parties éthérées. En agissant ainsi, le produit de la première chaudière peut être classé aux bons goûts.

MARCHE GÉNÉRALE DE LA DISTILLATION. — Dès que la fermentation est terminée, les vins peuvent être distillés. Les vins très parfumés sont distillés avec repasse. On fait une première distillation qui a pour but de produire des flegmes à bas degrés, appelés *brouillis*. Ces brouillis sont ensuite distillés. mais on sépare les mauvais goûts de tête qui distillent tout d'abord ; lorsque le degré de l'alcool avoisine 40. Les huiles empyreumatiques commencent à distiller à leur tour, aussi ne les envoie-t-on pas dans l'alcool de *cœur*. Tous les mauvais goûts sont réunis et seront incorporés dans une deuxième opération.

Quant aux vins ordinaires, peu parfumés, il est préférable de les distiller en une seule fois.

CHOIX DES APPAREILS. — Aux petits producteurs conviendront très bien des appareils intermittents : alambics brûleurs munis ou non d'appareils rectificateurs, avec ou sans chauffe-vin. L'emploi du basculement n'est pas obligatoire et un tampon de décharge ou un robinet de vidange sont suffisants pour vider la chaudière.

Les bouilleurs ambulants et les grands propriétaires ont avantage à se servir des appareils sur chariots.

Enfin la grande production aura recours aux appareils à distillation continue pour l'obtention des eaux-de-vie communes et des trois-six, et aux appareils à distillation continue et fractionnée pour la fabrication des produits fins.

CHAPITRE II

LES EAUX-DE-VIE DE MARCS

Ce n'est pas seulement dans le vin que le vigneron recherche l'alcool, il a pensé, et avec juste raison, que les marcs
de vendange en contenaient encore une quantité fort appré-
ciable car le pressurage, quelque bien fait qu'il soit, n'arrive
pas à extraire tout le liquide contenu dans cette masse
ligneuse.

Deux méthodes peuvent être suivies pour la fabrication
de ces eaux-de-vie ; l'une consiste à distiller les marcs en
nature, l'autre à mettre en chaudière la piquette obtenue
par la macération des marcs dans l'eau. Le premier procédé
permet d'obtenir une eau-de-vie à odeur bien caractéristique ; avec le second on obtient une eau-de vie incompara-
blement plus fine, n'ayant souvent aucun goût de marc et
absolument comparable à l'eau-de-vie obtenue par la distillation directe du vin.

I. Distillation des marcs en nature. — Les marcs
provenant de la fabrication du vin rouge ont subi la fermentation alcoolique et peuvent être distillés immédiatement après le pressurage, quoiqu'il soit plus avantageux
d'attendre que leur fermentation soit complètement achevée.
Au contraire, ceux qui proviennent de la fabrication du vin
blanc n'ont subi aucune fermentation ; il faut donc faire
fermenter le moût qu'ils renferment. Les marcs, soigneusement émiettés, sont introduits dans une cuve dans laquelle

on verse ensuite une quantité d'eau tiède suffisante pour les recouvrir. On abandonne la masse, dont la température doit être voisine de 25 à 30°, à la fermentation spontanée. On soutire lorsque le liquide marque 1005 au mustimètre, si l'on ne veut pas distiller immédiatement ; il y aurait inconvénient à laisser le vin obtenu au contact avec les râfles dont l'acidité considérable se communiquerait au liquide, ce qui aurait pour conséquence l'obtention d'une eau-de-vie défectueuse.

1° *Distillation à feu nu.* — L'alambic ordinaire peut être employé, mais il y a avantage à se servir des alambics brûleurs à rectificateur sphérique ou lenticulaire, que l'on trouve dans le commerce. Il faut avoir soin de placer sur le fond de la chaudière une grille en cuivre perforé, une claie d'osier ou encore un lit de paille, afin d'empêcher les matières solides d'être en contact avec la chaudière et de se carboniser. Comme le marc doit être distillé avec environ le tiers de son volume d'eau, on verse d'abord dans la chaudière la quantité d'eau nécessaire, puis le marc finement émietté. On conduit alors la distillation avec *repasse* ou sans repasse.

Quand les marcs contiennent une forte proportion d'huile essentielle l'eau-de-vie obtenue avec repasse est plus fine que celle obtenue du premier jet. Pour les marcs ordinaires, qui contiennent moins d'huile essentielle, l'eau-de-vie obtenue sans repasse est excellente. Il suffit alors de refroidir constamment le rectificateur par un courant d'eau froide, de distiller lentement, car c'est l'action lente et régulière de la chaleur qui développe le bouquet au cours de la distillation. Lorsque cette dernière est terminée, c'est-à-dire lorsqu'à la sortie du serpentin on ne recueille plus que de l'eau, on vide la chaudière. La vidange de la chaudière peut se faire rapidement au moyen d'un large tampon de décharge placé à sa partie inférieure ou, mieux encore, par simple basculement : par la manœuvre d'un levier, la chaudière pivote autour d'un axe horizontal ; le marc épuisé se déverse dans un baquet, la chaudière

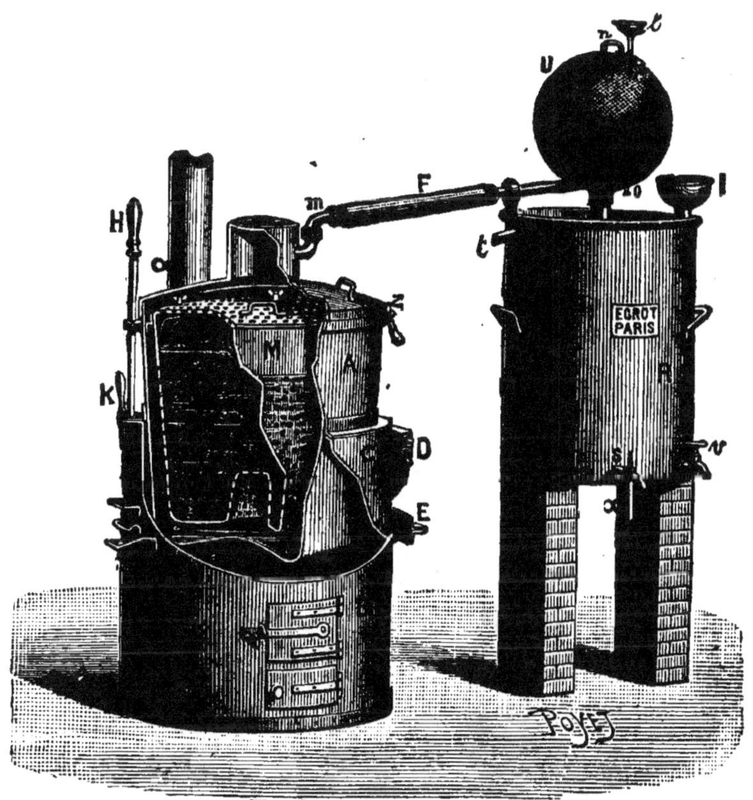

Fig. 9. — Alambic brûleur avec panier.

est alors remplie de marcs frais pour une nouvelle opération.

2° *Distillation au bain-marie ou au panier.* — Dans le but d'éviter la carbonisation des marcs au contact des parois de la chaudière, on les place à l'intérieur d'une deuxième chaudière qui plonge dans l'eau contenue dans la première. On remplace avantageusement cette deuxième chaudière jouant le rôle de bain-marie en plaçant les marcs à l'intérieur d'un panier tronconique en cuivre perforé; un large tube central, également perforé, placé dans le fond pénètre dans le marc et y favorise la circulation de l'eau et des vapeurs (Fig. 9).

Dans ces conditions, les marcs ne touchant pas les parois, les huiles essentielles qui ne distillent qu'à haute température restent dans les râfles et ne viennent pas souiller les produits de la distillation. Celle-ci est conduite comme dans le cas précédent. Quand on opère par repasse on enlève le panier pour effectuer la deuxième distillation. La vidange se fait par renversement, le liquide s'écoule d'abord, on retire

Fig. 10. — Alambic brûleur avec panier.

ensuite le couvercle du panier et le marc se déverse par un deuxième basculement (Fig. 10).

3° *Distillation à la vapeur.* — Ce procédé n'est guère utilisable que pour les grandes exploitations. L'appareil distillatoire se compose de 2, 3, 4 vases destinés à contenir les marcs, d'une chaudière permettant d'obtenir la vapeur nécessaire au fonctionnement de l'appareil, d'un chapeau rectificateur lenticulaire ou sphérique, et d'un réfrigérant. Le fonctionnement en est des plus simples. Les marcs à distiller sont versés dans les vases que l'on ferme hermétiquement. La vapeur provenant du générateur est admise dans le fond du premier récipient. Elle le traverse de bas en haut, s'empare de l'alcool et des produits aromatiques vient dans le bas du deuxième vase, puis du troisième. De là, elle est dirigée vers le rectificateur ; les parties condensées retournent dans le dernier vase après s'être épurées

Fig. 11. — Appareil à vases fixe.

tandis que les vapeurs d'alcool continuent leur route et viennent se condenser dans le réfrigérant à la sortie duquel

le liquide condensé est recueilli. Lorsque le marc du premier vase est épuisé, ce dont on s'aperçoit quand le degré
baisse à la sortie, on fait arriver la vapeur dans le deuxième
vase ; on décharge rapidement le premier en le basculant,
on l'emplit d'une nouvelle charge de marcs et on le remet
en batterie en faisant arriver à sa base la vapeur sortant du
troisième vase (Fig. 11).

Ces sortes d'appareils — comme ceux que nous avons
déjà examinés plus haut — s'établissent à poste fixe dans les
fermes ou bien sont montés sur bâti en fer muni de roues
(Fig. 12).

Fig. 12. — Appareil à vases monté sur chariot.

Dans tous les systèmes que nous venons de décrire, la
distillation est discontinue.

Dans les grandes exploitations du Midi on utilise parfois
des appareils à *distillation* continue. Les vapeurs alcooliques
sortant des vases contenant les marcs (calandres) disposés
en batterie continue, pénètrent dans une colonne à distiller

à plateaux, s'y rectifient, s'y concentrent avant d'arriver au réfrigérant, à la sortie duquel on recueille de l'alcool à 85° connu sous le nom de *trois-six de marc*.

II. Distillation des piquettes de marcs. — Il existe deux méthodes pour fabriquer ces piquettes.

1o *Par fermentation.* — Les marcs sont émiettés dans une cuve et immergés dans un volume d'eau tiède égal au tiers de celui du vin de première cuvée. Là encore il faut éviter que la grappe soit longtemps en contact avec l'air. On ajoute dans la cuve environ 150 grammes d'acide tartrique par hectolitre. On laisse la fermentation s'établir en ne prenan d'autre précaution que celle de remuer la masse chaque jour. La fermentation est froide et peu active.

2° *Par macération et fermentation.* — On peut opérer par *macération simple.* Le marc, placé dans des tonneaux défoncés d'un bout et portant un robinet à leur partie inférieure est additionné d'une fois et demie à deux fois son volume d'eau tiède. Après vingt-quatre heures de contact, on soutire le liquide et l'on passe le marc au pressoir. Le produit du soutirage est mélangé avec cette sorte de rebêche. On peut encore verser une seconde fois de l'eau sur les marcs; au bout de douze heures on la soutire, mais on ne l'utilise que pour une nouvelle macération, au lieu. d'employer de l'eau pure.

Dans les grandes exploitations, où les marcs sont en abondance, il est préférable d'employer la *macération continue*, ou lavage méthodique des marcs. On opère alors avec plusieurs cuves de macération qui constituent une batterie. On emploie quatre ou six cuves suivant la richesse des marcs; chacune d'elles porte un faux fond perforé placé à dix centimètres au-dessous du fond plein, et c'est sur ce faux fond que se jette le marc; un large tuyau fait communiquer le haut d'une cuve avec l'espace vide situé sous le faux fond de la cuve suivante. Ce tuyau est en outre ouvert dans le haut, pour permettre une introduction directe d'eau (Fig. 13).

Fig. 13. — Une distillerie de marcs traités par macération.

Le liquide de macération passe successivement dans toutes les cuves, où il séjourne quelques heures, et sort de la dernière sous forme de piquette. Le déplacement du liquide d'une cuve dans l'autre se fait en introduisant de l'eau sous le faux fond de la première cuve par le haut du tuyau de communication avec la précédente. Le liquide de macération, chassé de bas en haut, s'écoule à la partie supérieure de la cuve et vient sous le faux fond de la première cuve par le haut du tuyau de communication avec la précédente. Le liquide de macération, chassé de bas en haut, s'écoule à la partie supérieure de la cuve et vient sous le faux fond de

4

la cuve suivante refouler le liquide qui s'y trouve, lequel se rend dans la cuve n° 3, ainsi de suite jusqu'à la dernière. Après un nombre de macérations égal au nombre de cuves, le marc épuisé de la première cuve est retiré et remplacé par du marc frais. Cette cuve devient alors la dernière de la série et la deuxième devient la première. Ensuite ce sera la cuve n° 2 qui sera la dernière et celle n° 3 la première, et ainsi de suite.

Les piquettes ainsi obtenues par ces différentes méthodes sont ensuite soumises à la distillation comme des vins.

CHAPITRE III

LES EAUX-DE-VIE DE FRUITS

Les principaux fruits à noyaux que l'on livre à la distillation sont les prunes, les cerises, les merises et quelquefois les pêches et les abricots. Les prunes fournissent le quetsch, les merises donnent le kirsch. La préparation de ces deux spiritueux est identique. Les fruits sont convenablement triés ; on rejette les fruits pourris, on débarrasse les fruits sains des queues. Deux méthodes sont employées pour la mise en fermentation.

Première méthode. — Les fruits sont jetés dans des cuves et on les abandonne à la fermentation spontanée à la température de 20° environ. Au bout de douze à quinze jours, la fermentation des cerises est terminée ; les prunes exigent un mois et demi pour fermenter complètement. Pour distiller on ajoute à cette masse pâteuse une certaine quantité d'eau bouillante afin de la rendre plus fluide. L'emploi d'une grille de fond ou d'un agitateur est recommandable. On peut aussi faire usage d'un bain-marie ; mais on obtient ainsi une eau-de-vie moins fine et moins parfumée. Les produits de tête et les produits de queue sont séparés dans la distillation puis mélangés entre eux et ajoutés à une charge suivante.

Deuxième méthode. — Les fruits sont d'abord foulés avec précaution afin de ne pas briser les noyaux car le kirsch préparé avec des merises dont le noyau a été écrasé a moins

de finesse que celui préparé avec des merises dont le noyau
a été conservé intact. On arrose la masse ainsi foulée avec
de l'eau tiède, puis on laisse fermenter en cuves fermées à
la température de 20° ou 25°. La fermentation terminée,
on soutire ; on soumet le marc à la pression ; le jus ainsi
obtenu est réuni à celui de mère-goutte et le tout est distillé
par la méthode indiquée pour les vins.

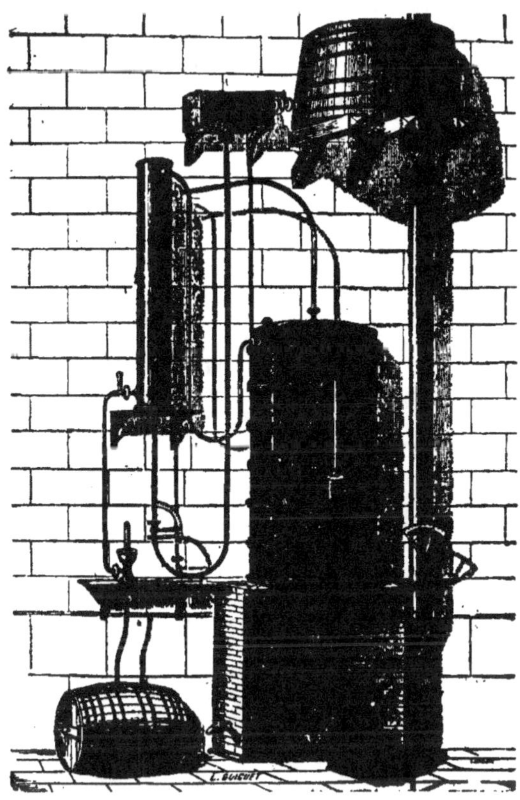

Fig. 14. — Appareil pour la distillation continue du cidre.

Les eaux-de-vie de fruits demandent à vieillir avant de
devenir fines et meilleures. On les abandonne dans ce but,
dans des touries de verre bouchées par un tampon de par-

chemin dans lequel on a ménagé quelques trous pour permettre l'évaporation lente des spiritueux.

Parmi les boissons fermentées susceptibles de fournir des eaux-de-vie, nous n'oublions pas le *cidre* et le *poiré*. La préparation des eaux-de-vie de cidre, de poiré, de marcs de pommes ou de poires est exactement la même que celle des eaux-de-vie de vin et de marcs. Signalons cependant un appareil construit par la maison Savalle qui permet de distiller le cidre d'une façon continue dans une colonne à plateaux analogue à celle que nous décrirons ultérieurement pour la distillation des vins industriels (Fig. 14).

TROISIÈME PARTIE

L'Alcool d'Industrie

CHAPITRE PREMIER

OBTENTION DU JUS SUCRÉ

Extraction du jus de betteraves

La production de l'alcool de betteraves ne s'élevait an-
nuellement, avant 1850, qu'à 500 hectolitres. Mais depuis
cette époque, grâce aux travaux de Leplay, de Champonnois, Derosne, Cail, etc., elle a toujours été en croissant. La
betterave travaillée en distillerie est moins riche que la betterave de sucrerie et ne contient guère que de 10 à 20 0/0 de
sucre. Par l'emploi de la betterave demi-sucrière qui donne
plus de rendement à l'hectare que la riche, on obtient plus
d'alcool à l'hectare, et le distillateur a une plus grande
quantité de pulpe à sa disposition. Le rendement moyen
pratique en alcool est d'environ 6 0/0 du poids de la racine.

Avant d'entrer dans la technique de l'extraction du jus,
nous devons dire quelques mots de la conservation des betteraves.

De nombreux auteurs ont écrit sur ce sujet des livres spéciaux qu'il est bon de consulter, car ils renferment des détails qui ne peuvent entrer dans un traité aussi général que celui-ci. Nous allons cependant indiquer les principaux procédés qui paraissent remplir le mieux ce but.

Ce sont : les silos et la mise en tas sur le sol.

Les silos. — La construction des silos exige un soin tout particulier, il faut premièrement choisir un terrain un peu élevé, qui soit à l'abri des invasions de l'eau ; on y creuse un fossé qui doit avoir environ 1^{m}30 de largeur sur 0^{m}75 à 1 mètre de profondeur. La longueur est déterminée par la quantité de racines qu'on a à emmagasiner. Au fond, au milieu, on fait un second petit fossé d'environ 10 à 15 centimètres de profondeur sur autant de largeur, destiné à l'écoulement des eaux pluviales qui pourraient y pénétrer et à la libre circulation des gaz qui se dégagent de cette agglomération de racines.

Une fois ces dispositions premières prises, on place les plus grosses betteraves en travers de la rigole du fond pour former une sorte de voûte, puis on range les autres avec soin de manière à remplir le silo en laissant le moins d'espace vide possible ; quand on est arrivé au ras du fossé on continue à l'élever en forme de tas de pierre ayant une inclinaison de 45 degrés et se terminant en pointe. Ce travail fait, on recouvre le tout d'une couche de terre de 30 centimètres environ, qu'on bat avec soin avec une pelle, de manière à former une sorte de toit qui met les racines à l'abri de la pluie. A chaque extrémité du silo on laisse une prise d'air qui est maintenue au moyen de planches ou de fagots, ces prises d'air laissent aux gaz produits un libre échappement, et dans les grands froids on a la précaution de les fermer pour empêcher la gelée de pénétrer.

Les betteraves ainsi disposées sur un terrain bien sec, bien recouvertes, avec un libre échappement des gaz, peuvent se conserver tout le temps nécessaire à la fabrication, temps qui n'excède jamais trois à quatre mois.

Mise en tas. — La construction des silos est toujours une opération assez coûteuse, aussi pour l'éviter on a souvent employé la mise en tas directement dans les champs ou dans les cours destinées à les recevoir.

Pour pratiquer ce mode de rangement il est quelques petites précautions à prendre. Le sol du tas doit être bien tassé et former une légère pente de chaque côté de manière à favoriser l'écoulement des eaux. Puis les betteraves de la bordure doivent être rangées comme les pierres d'un mur construit sans mortier. On les monte ainsi à environ 1 mètre ou 1^{m}50 du sol, puis, à partir de ce moment, on lui donne une pente douce pour finir en pointe. La partie en pointe est recouverte de paille comme pour les meules de céréales pour parer aux pluies et on fait tout autour une petite rigole pour l'écoulement des eaux pluviales. Ainsi disposées elles peuvent très bien se conserver, mais il faut se méfier des gelées, car elles n'en sont point garanties. Recouvrir les tas de terre pour parer à cet inconvénient serait une grosse opération qui serait plus coûteuse peut-être que la formation des silos.

M. Decrombecque, pour favoriser l'aérage des tas d'un volume quelconque de betteraves, emploie un procédé assez simple. Ses tas sont séparés de quatre mètres en quatre mètres, pour cela il prépare des bâtis en planches de bateaux assemblées entre elles comme des calibres, elles représentent extérieurement la forme du tas. Ces calibres sont espacés les uns des autres de 8 à 10 centimètres. Les betteraves y sont rangées avec soin et on peut facilement les préserver de la gelée, soit en les recouvrant de terre, soit en masquant d'une manière quelconque les ouvertures qui donnent un trop libre accès à la gelée.

Emmagasinage dans les caves ou celliers. — Dans les pays où l'hiver est très rude, comme dans le nord de l'Europe, la pratique des silos est presque impossible, il faut avoir recours aux caves ou aux celliers. Cela entraîne forcément à de grandes dépenses, car il y a aussi des inconvénients qu'il faut éviter : l'humidité, le défaut d'aérage, le trop grand amoncellement.

Quand on emploie des caves il est bon que le sol soit couvert d'une bonne couche de poussière de charbon ou de mâchefer. Une pente convenable doit être également ménagée pour l'écoulement des eaux, puis les masses doivent être séparées de distance en distance par des cloisons en planches permettant à l'air de circuler. Un amoncellement trop considérable et de l'humidité amèneraient infailliblement de la pourriture et par suite la perte totale des racines.

Dans les celliers les mêmes précautions doivent être prises, et il n'est pas rare d'obtenir de ce mode de logement un moins bon résultat qu'avec l'ensilage qui est simple et économique.

LAVAGE DES BETTERAVES. — Après la récolte, une certaine quantité de terre reste adhérente après la betterave ; afin d'obtenir un jus aussi pur que possible, il est absolument nécessaire de nettoyer parfaitement cette racine. Les betteraves sont versées dans une fosse contenant de l'eau : elles y subissent un premier débourbage, puis sont saisies dans les spires d'un *élévateur à hélice* qui les déverse dans le *laveur à bras*, grande bâche demi-cylindrique dans laquelle se trouve de l'eau et contenant un arbre longitudinal garni de bras qui se chargent de remuer constamment les betteraves et de les faire cheminer vers l'autre extrémité du laveur. Elles tombent alors sur un plan incliné à claire-voie puis sont saisies par une chaîne à godets qui les conduit au *coupe-racines*.

Ce dernier appareil comprend, dans les petites installations traitant de 10.000 à 25.000 kilogrammes de betteraves par jour, un arbre vertical actionné par l'intermédiaire d'une poulie et portant un double batteur tournant avec

une grande vitesse concentriquement à un cage en fonte
percée de six fenêtres rectangulaires dans lesquelles s'engagent des boîtes à couteaux (Fig. 15). Cette cage est surmontée
d'une cloche qui porte latéralement une trémie pour l'arrivée
des betteraves. Celles-ci saisies par le batteur sont découpées

Fig. 15. — Coupe racine Stéphen David.

en *cossettes faîtières* qui seront projetées tout autour de
l'appareil. Un cône en tôle détermine leur chute dans les
cuves.

Pour les exploitations qui travaillent plus de 40.000 kilogrammes de betteraves on emploie plus avantageusement
un coupe-racines fixe à plateau horizontal (Fig, 16) ; il est
composé d'un disque à axe vertical, portant dans le sens des
rayons les boîtes à couteaux.

On peut extraire le jus par *macération* ou par *diffusion*.
MACÉRATION. — Elle peut être *continue* ou *discontinue*.
Dans la macération continue on remplit les cuves avec des

Fig. 16. — Coupe racines fixe à plateau horizontal.

cossettes, puis on y fait couler d'abord des petits jus et le tout
est laissé une heure un contact. Puis on fait arriver dans le
macérateur, des vinasses chaudes, le jus s'écoule d'abord à 5°
puis de moins en moins riche en sucre; lorsqu'il marque un

demi-degré, il est envoyé dans un bac à petit jus et il servira pour une nouvelle opération. On arrête l'arrivée des vinasses lorsque le petit jus marque un demi-degré. Puis on vide la cuve, que l'on remplit, après nettoyage avec des cossettes neuves, et la série des opérations recommence. On obtient par ce procédé 18 hectolitres de jus par tonne de racines.

La *macération continue* comporte l'emploi d'une batterie de macérateurs spéciaux disposés en batterie (Fig. 17).

Fig. 17. — Batterie de macération.

La partie supérieure de chaque cuve communique par l'in-

Fig. 18. — Batterie de diffusion.

termédiaire d'un robinet à trois voies, soit avec la partie inférieure de la cuve suivante, soit avec le tuyau d'évacuation des jus. Chaque macérateur peut recevoir par deux canalisations disposées au-dessus de lui des vinasses ou des petits jus. En pleine marche, on fait arriver des vinasses chaudes puis des petits jus sur la dernière cuve. Le jus est poussé vers la tête de la batterie, on ouvre le robinet qui permet de l'évacuer dans le tuyau des jus. On vide la cuve contenant le cossettes épuisées, on remplace ces dernières par des fraîches et ce macérateur devient tête de batterie.

La série des opérations recommence. On obtient par ce procédé un jus plus concentré que la macération simple. Le rendement moyen est de 14 hectolitres de jus par tonne de betteraves.

Quand l'agriculteur travaille plus de 30.000 kilogrammes de betteraves par 24 heures, il a intérêt à extraire le jus par *diffusion*. Il réalise ainsi une économie de main d'œuvre un épuisement bien plus complet des cossettes. De plus les petits jus qui sortent du diffuseur de queue rentrent en travail, si on pousse à l'eau sur ce dernier diffuseur. Cette eau n'est d'ailleurs pas perdue car après égouttage des cossettes, elle est dirigée sur le laveur de racines. Les jus obtenus par la diffusion sont plus denses le rendement moyen étant d'environ 12 hectolitres par tonne de betteraves.

Les diffuseurs sont de vastes cylindres en fonte fermés à leur partie inférieure par un fond mobile (Fig. 18). Ils communiquent entre eux de façon que le jus passant sur l'un d'eux rempli de cossettes fraîches, passe sur tous les autres pendant que le dernier est débarrassé de ses cossettes épuisées. On emploie des diffuseurs de fonte parce que les vinasses acides attaquent la tôle. Généralement les *calorisateurs* ou réchauffeurs employés en sucrerie, sont supprimés. On se contente d'envoyer un jet de vapeur, pour réchauffer

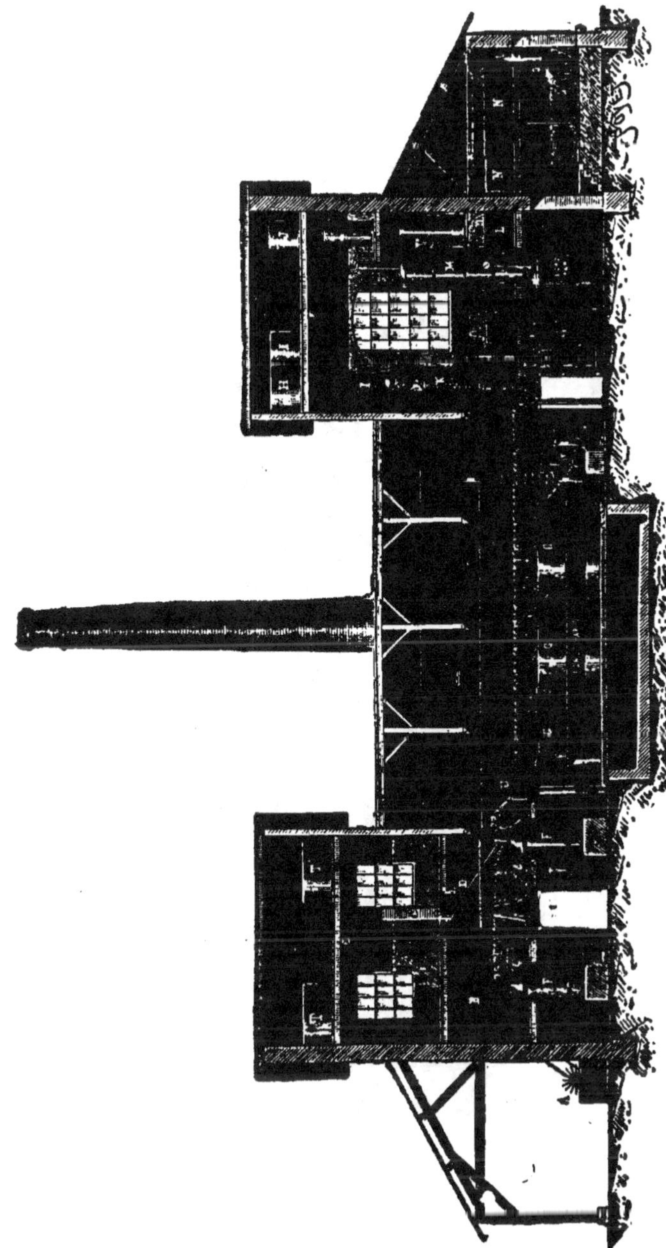

Fig. 19. — Vue d'une distillerie de betteraves, travaillant par diffusion (élévation).

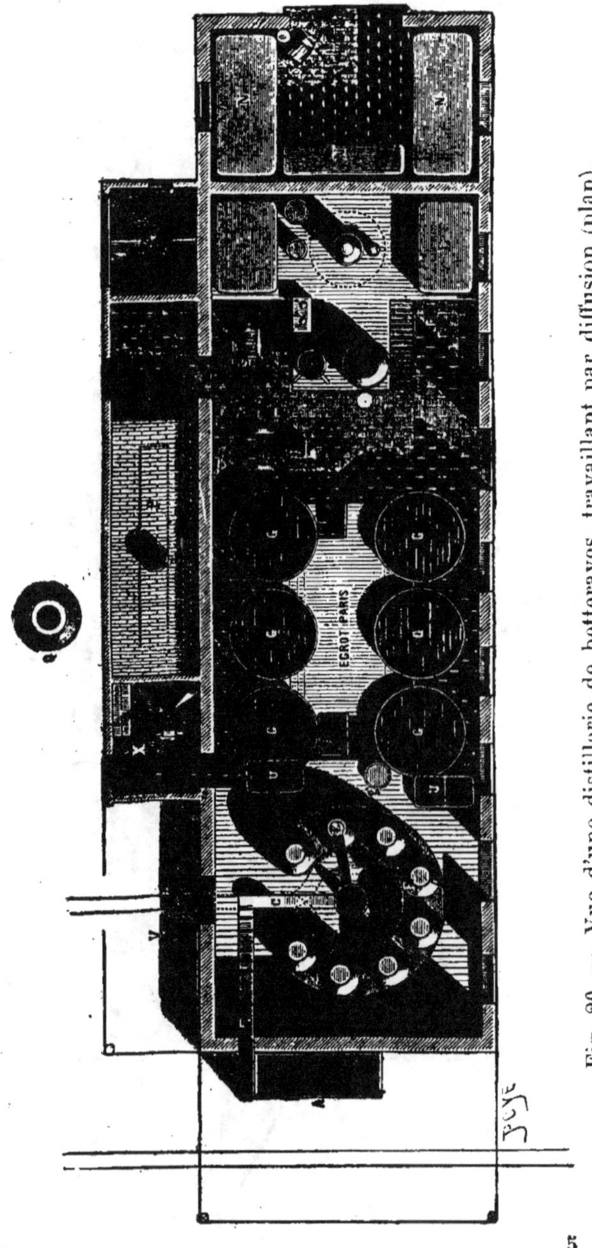

Fig. 20. — Vue d'une distillerie de betteraves, travaillant par diffusion (plan).

la masse. Le 1ᵉʳ diffuseur étant rempli de cossettes neuves, on le remplit de jus, on le *mèche* selon l'expression technique et pour cela il faut pousser à l'eau tiède sur le dernier diffuseur ; ensuite il est vidé. Puis pour pousser au bac le jus concentré, on envoie de la vinasse sur l'avant dernier diffuseur — un volume égal à la contenance — pendant que l'on remplit le dernier qui va devenir tête de batterie.

L'extraction du jus des betteraves ne comporte donc pas de difficultés bien sérieuses et la distillerie de betteraves est à la portée de la moyenne comme de la grande culture (Fig. 19 et 20).

Ces dernières années des procédés nouveaux sont apparus destinés, précisément aux cultivateurs dirigeant des exploitations de faible importance. C'est ainsi que nous donnons maintenant la description d'un matériel nécessaire à une petite distillerie agricole, pour un travail journalier de 10.000 kilogrammes de betteraves, matériel établi par MM. Egrot et Grangé et Guillaume : (1).

Le coupe-racines est d'une puissance telle qu'il pourrait travailler 30 à 35.000 kilos de betteraves par 24 heures s'il fonctionnait sans arrêt. De préférence, sa trémie est disposée de façon à pouvoir recevoir un stock suffisant pour le remplissage entier d'un diffuseur, soit 500 kilos de betteraves. Sa disposition permet de changer les porte-couteaux sans avoir à vider la trémie.

Ce coupe-racines doit être, d'une façon générale, aussi simple et aussi robuste que possible, et couper sur la plus grande partie de sa surface possible.

Les cossettes fraîches produites tombent dans une trémie tournante qui dessert à tour de rôle chaque diffuseur.

La batterie de diffusion simplifiée E. Guillaume et Egrot et

(1) La Nouvelle Distillerie Agricole.

Grange (Fig. 21) ; comprend trois diffuseurs verticaux d'une capacité de 10 hect. chacun. Ces diffuseurs sont légèrement tronconiques, le plus petit diamètre était en haut ; leur diamètre moyen est de 60 centimètres et leur hauteur total de 4 mètres (3 m. 80 de hauteur utile). Leur vidange se fait par en dessous, au moyen d'une commande placée à la portée de l'ouvrier conduisant la batterie de diffusion de façon à éviter l'intervention d'un autre ouvrier sous la batterie pour opérer cette vidange.

Chaque robinet d'air, placé au haut des diffuseurs, débouche dans un entonnoir qui est relié au bac d'attente du jus placé un peu en contre-bas, de façon à y déverser naturellement le peu de jus qui passe en même temps que l'air. Ces robinets d'air restent tant soit peu ouverts pour permettre le dégagement continu des gaz qui peuvent se produire au cours de diffusion.

La robinetterie ne comporte qu'un seul robinet par diffuseur ; ce robinet est triple et il permet d'établir la communication du haut du diffuseur sur lequel il est posé, soit avec le bas du diffuseur précédent pour la circulation, soit avec la conduite collective qui amène les petits jus et la vinasse (ou l'eau au besoin) ; ou bien, il peut encore faire communiquer le bas du diffuseur précédent avec le collecteur qui va aux bacs mesureurs.

Il est muni d'un cadran indicateur portant les désignations suivantes : « vinasse », « circulation », « tirage » et « fermé » entre chacune d'elles.

La conduite unique qui amène les petits jus, la vinasse ou même l'eau à chacun de ces trois robinets, communique elle-même avec un robinet triple unique placé contre le mur et bien à la main d'un cadran portant les indications : « petit jus », « vinasse », « eau » et « fermé ».

Lorsque l'un des robinets triples placés entre chaque diffuseur établit la communication du haut de l'un d'eux avec

Fig. 21. — Vue d'ensemble de la diffusion simplifiée, système Guillaume, E
et Grangé, pour petites distilleries agricoles de betteraves.

la vinasse (suivant les indications du cadran indicateur placé sur chacun de ces robinets triples), il arrivera en tête du diffuseur, soit du petit jus, soit de la vinasse, soit même de l'eau, suivant que le robinet de tête qui dessert cette conduite aura lui-même son aiguille tournée vers l'inscription « petit jus », « vinasse » ou « eau ».

A la sortie de ce dernier robinet, et sur la conduite unique allant à la diffusion dont il vient d'être parlé, est placé un petit injecteur de vapeur pour pouvoir à volonté chauffer soit le petit jus, soit la vinasse ou même l'eau, à la température voulue avant leur entrée dans les diffuseurs. A cet effet, un thermomètre à graduation bien visible ou un thalpotasimètre, est posé sur cette conduite à l'endroit le plus commode pour la vue et en un point situé entre l'injecteur et la batterie de diffusion.

De façon à simplifier le mécanisme, et aussi dans le but de gagner du temps, on a supprimé la vidange séparée des petits jus des diffuseurs.

Dès que le tirage au bac du diffuseur de tête est achevé, le diffuseur de queue est vidé entièrement par en dessous (petit jus de cossettes épuisées en même temps), dans un wagonnet à double fond, le fond intérieur étant perforé. La pulpe stationne dans ce wagonnet, le temps nécessaire pour que le petit jus s'égoutte à travers le double fond perforé, pour aller à la pompe qui l'élève de suite dans un cuvier en bois placé à une hauteur qui le mette suffisamment en charge sur la diffusion.

La surface de filtration du petit jus dans le wagonnet est beaucoup plus grande que celle des fonds des diffuseurs ; en outre, la couche de cossettes à traverser par le jus est moindre que dans ces derniers ; par conséquent l'égouttage se fera plus facilement. Du reste, entre la vidange d'un diffuseur et celle du suivant, il se passe un tel laps de temps (1 h. 10'), qu'on pourra toujours prolonger l'égouttage plus longtemps qu'il n'est nécessaire.

Grâce à ce dispositif, on ne perd pas de temps à la batterie de diffusion ; car, dès que le tirage du bac du diffuseur de tête est achevé, il suffit de quelques minutes (4′ à 5′ au maximum) pour ouvrir le diffuseur de queue, le vider, le laver, en refermer le fond, en un mot le rendre prêt à recevoir immédiatement une nouvelle charge de cossettes fraîches.

Ne pas perdre de vue que le petit jus est à une température d'au moins 70° et que tout le jus vert — à la composition duquel il concourt — est ensuite efficacement stérilisé.

Les trois diffuseurs sont ainsi toujours en travail. Le wagonnet à double fond a sa partie supérieure très large, pour bien recevoir jus et vinasse, et il est peu profond. C'est, bien entendu, le même wagonnet qui sert à transporter la pulpe égouttée au silo.

D'après cela, voici comment est réglé le travail :

Le coupe-racines débite une quantité telle que l'emplissage entier du diffuseur se fasse en 25 minutes environ. Dès que le premier cinquième du diffuseur est près d'être rempli, on mèche cette première partie en faisant arriver le jus du bas du diffuseur précédent par le haut du diffuseur en emplissage, comme il vient d'être dit, de façon à ce que le premier cinquième du fond soit rempli et mèché dans un espace d'environ 5 minutes.

Pendant ce temps, le coupage continue, de manière qu'après un second espace de 5 minutes, le deuxième cinquième du diffuseur soit rempli et méché de la même façon, il en est de même pour les troisième, quatrième et cinquième parties, de telle sorte qu'au bout de 25 minutes environ, le diffuseur entier est rempli et méché. On le ferme alors, et l'arrivée de jus venant du bas du diffuseur précédent reste ouverte et en charge sur le haut de ce nouveau diffuseur. Il reste encore alors 40 minutes pour que la durée de 70 minutes attribuée pour chaque diffuseur soit écoulée, et, si le diffuseur a reçu 500 kilos de cossettes fraîches,

d'une part par le méchage, lui a donné en même temps
d'autre part environ 500 litres de jus en 25 minutes, soit
environ 100 litres toutes les 5 minutes, d'après le fractionnement qui vient d'être indiqué.

Comme nous avons admis que nous tirons au bac à raison
de 160 litres de jus par 100 kilogr. de betteraves, il faut
passer au bac pendant les 40 minutes qui restent pour que
les 70 minutes soient écoulées, 1 litre 6 $\times$ 500 $=$ 800 litres
de jus frais.

Pour faire ce tirage, nous continuons à fractionner chaque
diffuseur, comme précédemment, et nous tirerons ainsi le
cinquième de 800 litres, soit 160 litres toutes les 8 minutes,
ou, ce qui revient au même, tout en étant plus simple et
plus régulier, 100 litres toutes les 5 minutes ; ceci déterminé, un déplacement correspondant de 100 litres toutes les
5 minutes dans l'intérieur de tous les diffuseurs, déplacement
qui est égal on volume et en durée à celui qui s'est produit
par le méchage pendant la période de remplissage.

Au moyen de cette division du travail, on voit que le *sta-
tionnement du jus* dans chaque diffuseur est bien fractionné
comme si chaque tranche représentait un diffuseur isolé, et
que chaque fractionnement de jus se trouve bien en contact
avec chacune des tranches successives de cossettes *pendant
un même temps* pour lui permettre d'établir l'équilibre entre
sa richesse et celle de la cossette.

La dose d'acide par diffuseur est également répartie en
5 fractions sensiblement égales qui sont mises à chaque
fractionnement correspondant de l'emplissage des diffuseurs.
On comprend aisément les avantages de cette façon de pro-
céder qui permet d'obtenir un bon épuisement des cossettes
et une densité relativement élevée pour les jus frais, avec un
nombre très restreint de diffuseurs.

Saccharification de l'amidon des grains

La saccharification des grains est l'opération qui a pour but de convertir l'amidon qu'ils contiennent en glucose fermentescible. Cette transformation s'obtient :

1° Par l'action d'un principe actif naturel, la *diastase*, contenu en grande abondance dans le malt ou orge germée, desséchée et privée de ses radicelles ;

2° Par l'action des acides, soit à l'air libre, soit en vase clos. Ce dernier mode de saccharification peut être avantageusement employé quand le fabricant d'alcool peut se procurer des grains à très bon compte, la différence de prix compense la vente ou l'utilisation des drèches.

SACCHARIFICATION DES GRAINS PAR LES ACIDES. — Cette opération peut se faire à la pression atmosphérique, dans de grandes cuves en bois solidement établies dont la capacité varie de 200 à 800 hectolitres. Chacune d'elle est munie d'un couvercle portant un large tuyau pour le départ des gaz ; un serpentin de vapeur s'engage dans la cuve. On remplit celle-ci d'eau tiède que l'on chauffe à l'ébullition après avoir ajouté l'acide. Les grains concassés au préalable sont versés progressivement dans l'eau acidulée bouillante. L'opération dure sept à huit heures ; on s'assure qu'elle est terminée par un essai à l'iode. Ce métalloïde colore l'amidon en bleu, la dextrine en rouge et ne communique aucune coloration au glucose. Lorsque la solution d'iode ne colore plus une prise d'essai ni en bleu, ni en rouge, l'opération est terminée. Voici la proportion des matières employées ;

Eau............ 1 hectolitre.
Acide sulfurique. 1 kilogramme.
Grains......... 20 kilogrammes.

L'acide sulfurique peut être remplacé par 2 kilos d'acide chlorhydrique.

Un procédé de saccharification beaucoup plus rapide que celui que nous venons de décrire consiste à opérer sous pression, selon la méthode *Krüger et Colani.* L'appareil comporte une chaudière en cuivre garnie d'un double fond perforé destiné à maintenir les grains que l'on introduit par un trou d'homme placé à la partie supérieure.

Sous le faux fond, vient aboutir un serpentin de vapeur. Un tuyau spécial apporte l'acide ; le moût peut être évacué par une canalisation partant de la partie inférieure de l'appareil (Fig. 22).

L'autoclave reçoit d'abord l'eau, puis l'acide et progressivement les grains. On porte à l'ébullition et quand tout l'air contenu dans l'appareil est chassé, on monte en pression. Une heure ou deux après, l'opération est terminée. La pression qui existe dans l'appareil suffit à faire monter le moût dans un bac placé à la partie supérieure.

Les proportions de matières sont les suivantes ;

Eau...............	1 hectolitre.
Acide chlorhydrique..	2 kg. 5.
ou Acide sulfurique..	1 kg. 25.
Grains	60 kilgr.

On réalise par ce procédé une triple économie d'eau d'acide, de temps.

La maison *Warein et Defrance* construit un *cuiseur-saccharificateur* horizontal qui fonctionne de la façon suivante. Pour 100 kilogrammes de maïs à traiter, on verse dans l'appareil 250 litres d'eau chaude ; on ouvre les robinets de vapeur qui permettent de porter l'eau à l'ébullition, on fait fonctionner l'agitateur à bras horizontal qui se trouve suivant l'axe de l'appareil, puis on introduit le

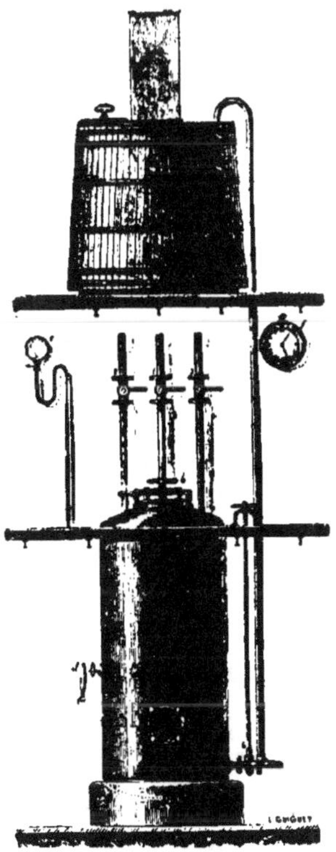

Légende de la Figure 22. — Appareil de MM. Colani et Kruger.

Cylindre en cuivre rouge, solidement construit, contenant son
    double fond perforé.

Trou d'homme servant à charger les grains.

Trou d'homme pour introduire le double fond.

Eprouvette servant à suivre le travail, par la prise d'échantil-
    lons de sirop à différentes phases de l'opération.

Manomètre indiquant la pression intérieure de l'appareil.

Horloge pour observer la durée de l'opération.

Cuve en bois, munie d'une cheminée, servant à vider le con-
    tenu du saccharificateur, aussitôt la saccharification terminée.

Robinet d'arrivée d'eau acidulée.

Robinet d'arrivée de vapeur pour le chauffage.

Robinet pour purger l'air contenu dans le cylindre.

Robinet de vidange, communiquant à la cuve supérieure.

grain. Après une demi-heure d'ébullition on ferme le robinet d'air et on monte en pression à trois atmosphères. La pression est maintenue pendant deux heures. Au bout de ce temps, l'amidon est transformé en empois, c'est alors que l'on verse lentement l'acide chlorhydrique à raison de 3 à 5 0/0 du poids de maïs. La saccharification dure environ 25 minutes. Avec ce procédé, on peut obtenir jusqu'à 32 litres d'alcool à 90° par 100 kilogrammes de maïs.

Lorsque la saccharification par les acides est reconnue terminée, on sature l'excès de ces derniers par le carbonate de chaux à la dose moyenne de 3 kilogrammes pour 100 kilogrammes de grains saccharifiés, en laissant subsister une acidité moyenne de 2 grammes à 2 gr. 5 d'acide sulfurique par litre de moût.

SACCHARIFICATION DES GRAINS PAR LE MALT. — Le malt s'emploie *vert*, c'est-à-dire tel qu'il est au sortir du germoir ou *sec*, après touraillage. Dans le malt vert, la diastase est plus active, de plus, son emploi est plus économique puisqu'il supprime le touraillage ; mais le malt vert ne se conserve pas et il faut le préparer au fur et à mesure des besoins. Au lieu d'employer le malt on emploie parfois le seigle malté ou le blé, comme en Belgique. Quoi qu'il en soit on mélange toujours aux grains germés une notable proportion de grains non germés, *crus*, qui apportent l'amidon qui sera saccharifié par l'excès de diastase contenu dans les grains *cuits*.

En Belgique on travaille sur un mélange de seigle cru et de malt, dans des macérateurs à double-fond. Les grains y sont brassés avec une petite quantité d'eau par des agitateurs fixés sur un arbre horizontal, puis on ajoute des vinasses chaudes à 60° au bout d'un quart d'heure de repos ; on malaxe jusqu'à la fin de l'opération. Après quoi on refroidit.

En Autriche on opère sur un mélange à parties égales de

seigle, de maïs, de malt. Dans une cuve munie d'un agitateur et d'un serpentin de vapeur, on fait cuire le maïs avec sept ou huit fois son poids d'eau pendant une heure à 100°, On laisse la masse se refroidir à la température de 65° la plus favorable à l'action de la diastase et on ajoute le malt et le seigle concassés. On obtient ainsi une pâtée qui se liquéfie peu à peu en même temps que la saccharification se produit.

Les Allemands emploient un mélange de maïs et de malt d'orge ou de seigle dans lequel la proportion de maïs est très considérable.

Quels que soient les grains employés, le moût se trouve toujours à une température voisine de 60° quand la saccharification se termine ; il faut l'amener à 25° avant de le soumettre à la fermentation. Ceci se fait dans des réfrigérants circulaires : grands bacs plats dans lesquels on étale la masse pâteuse en couche de 12 à 15 cm. ; au-dessous se trouve un faux fond dans lequel circule un courant d'eau froide ; un arbre central portant des bras horizontaux munis de palettes qui malaxe la masse, tourne constamment pendant qu'un ventilateur renouvelle énergiquement l'air au-dessus du bac. La réfrigération peut aussi se faire au moyen de réfrigérants verticaux à tubes ou à tôle ondulée comme les types Bandelot, Lawrence, Müntz et Rousseaux (Fig. 23) Houdart, Egrot et Grangé, etc..

A titre indicatif, voici les quantités approximatives d'alcool fournies par 100 kilogrammes de grains de :

Avoine	22	litres.
Orge	27	—
Maïs	34	—
Seigle	28	—
Froment	32	—
Riz	36	—

SACCHARIFICATION ET FERMENTATION AU MOYEN DE L'AMYLOMYCES ROUXII. — A côté de ces deux grands procédés classiques de saccharification des grains par le malt ou par les acides, il en existe un récent qui paraît devoir

Fig 23. — Réfrigérant système Müntz et Rousseaux.

fournir d'excellents résultats et que nous ne devons pas passer sous silence. Nous voulons parler du procédé de saccharification au moyen de l'Amylomyces Rouxii de la levure lomyces chinoise.

Dès 1892 le docteur Calmette dans un mémoire intitulée : *La levure chinoise et la fabrication des alcools de riz en Extrême-Orient*, étudiait cette moississure qu'il avait isolé de la levure chinoise et à laquelle il donnait le nom d'Amy-Rouxii.

Quelques chimistes se sont occupés très activement de la question de savoir si le procédé était susceptible d'application industrielle. Leurs efforts ont été couronnés de succès. MM. Auguste Collette et Auguste Boidin ont installé une usine à Séclin (ou plutôt ont transformé leur ancienne usine), où ils appliquent ce nouveau procédé de saccharification et de fermentation.

Le travail de l'Amylomyces est double. Ensemencé sur un moût amylacé il commence par agir sur l'amidon et les dextrines s'il y en a et les transforme en glucose. Lorsque la saccharification est complète, la fermentation commence et il y a production d'alcool, d'acide carbonique, etc.

Le procédé Collette et Boidin comporte plusieurs phases d'exécution que nous allons décrire. Il est basé sur la saccharification et la fermentation directes, en milieu aseptique par les muscédinées saccharifiantes, agissant seules, ou associées à certaines races de levures.

En raison de ce fait que l'amylomycès Rouxii ne saccharifie complètement que l'amidon parfaitement fluidifié, il faut opérer la *solubilisation du moût*. Cette opération peut s'effectuer de quatre façons différentes : par addition de un à deux millièmes d'un acide minéral ou organique ; par adjonction de 1 0/0 de malt ; à l'aide d'un malaxage et d'une circulation énergique, dans un malaxeur qui communique avec la cuve de fermentation ; par addition de cultures de mucédinées saccharifiantes ou d'une solution de leurs diastases.

Les grains sont donc soumis à la cuisson comme dans le travail par le malt. Le lait obtenu est envoyé dans une cuve matière munie d'un agitateur puissant. On élève la température à 60° et l'on ajoute la substance destinée à opérer la fluidification (acide, malt, diastases de mucédinées, etc.).

Le moût obtenu est alors stérilisé, pour cela il est expédié dans un autoclave où il est porté à la température de 120° pendant le temps nécessaire pour assurer la destruction de tous les microorganismes qu'il contient. Le moût stérilisé est introduit dans les cuves de fermentation, hermétiquement fermées munies d'agitateurs, de conduites d'introduction d'air stérile, de vapeur d'eau de réfrigération, d'évacuation de l'acide carbonique. Le moût y arrive stérilisé, il est maintenu à l'ébullition au moyen d'un serpentin de vapeur pendant la durée du remplissage. Quand ce dernier est terminé, on fait barbotter de l'air stérile au lieu de vapeur, on réfrigère extérieurement au moyen d'un courant d'eau froide. Lorsque la masse est à 35° environ, on ensemence avec l'amylomyces Rouxii et une levure. On aère et on agite. L'addition de levure a pour but de diminuer la durée de saccharification et de fermentation qui serait de 6 à 7 jours pour un moût à 12 kg. 50 de maïs par hectolitre si l'amylomyces Rouxii était employé seul. La durée totale de saccharification et de fermentation dans ces conditions est seulement de 6 à 7 jours.

Le brevet pris par MM. Collette et Boidin énumère les avantages du procédé sur le travail ordinaire par malt :

1° La fabrication des levains est supprimée ; la perte résultant de la production de l'acide lactique est donc supprimée également, ainsi que celle due à la présence d'amidon non saccharifié dans ledit levain ;

2° Suppression totale ou presque totale des frais de fabrication du malt et des pertes en amidon occasionnées par la germination et les micro-organismes qui pullulent à la surface du malt ;

3° Il résulte de ce que les muscédinées employées sécrètent des diastases saccharifiantes, que l'on peut opérer en l'absence de tout ferment étranger et supprimer ainsi toutes les fermentations secondaires.

4° La muscédinée qui se reproduit en grande quantité, fixe sur elle-même une portion des matériaux solubles contenus dans le moût et notamment de l'azote (certaines muscédinées contiennent 45 0/0 de leur poids sec de matière azotée). C'est ainsi qu'on arrive à augmenter le poids et la qualité des résidus insolubles par l'absorption des produits tenus en solution.

5° La muscédinée rend la filtration très facile, parce qu'elle attaque et transforme les matières gommeuses, et parce que les tubes mycéliens qu'elle émet et qui s'enchevêtrent constituent une sorte de matière feutrée aidant à la filtration. Quant aux avantages que le procédé possède sur le travail par les acides, ils résident surtout en une économie d'acide puisque les quantités employéess sont très faibles, en une suppression des caramélisations, en la conservation des propriétés comestibles des drèches.

Ce mode de travail a permis de réaliser des rendements supérieurs à tous ceux obtenus jusqu'alors avec les anciennes méthodes. Avec du maïs ordinaire à 60 0/0 d'amidon on obtient 38 à 40 litres d'alcool à 100° par 100 kgs de grains, tandis que par la saccharification à l'aide du malt, avec 90 kilog. de maïs et 10 kilog. de malt on n'obtient que 34 à 35 litres d'alcool à 100°.

Saccharification de la Fécule de pommes de terre

La distillerie de pommes de terre est une industrie d'origine allemande ; elle s'est fort peu développée en France où nous ne comptons que quelques usines. Cependant le développement de cette industrie rendrait service à notre agriculture car, avec la distillerie de betteraves et la féculerie c'est le type de l'industrie agricole proprement dite. Son extension est lente à cause de quelques difficultés : la pomme de terre ne se transporte pas facilement étant donné qu'elle ne peut supporter les frais de charroi ; les drèches obtenues sont très aqueuses et très abondantes ; or, comme un bœuf ne peut guère en consommer que 40 à 50 litres, il faut, pour un travail journalier, de 30.000 kilogrammes de tubercules, un cheptel vivant d'environ 100 bêtes à cornes.

Le distillateur a toujours intérêt, aussi bien que le féculier, à connaître exactement la teneur en fécule des tubercules qu'il travaille. D'autre part, les transactions entre producteurs et féculiers ou distillateurs sont grandement simplifiées quand elles peuvent s'établir sur des bases certaines et dans des conditions équitables.

M. Lindet, le distingué professeur de l'Institut National Agronomique, a présenté à la Société Nationale d'Agriculture, le 20 février 1901 un nouveau féculomètre inventé par MM. Joulin et Truchon, chimistes au Laboratoire municipal de Paris. Il est basé, comme ses devanciers, sur le principe d'Archimède, mais qui présente cette particularité d'utiliser pour son bon fonctionnement, la capillarité, qui avait été écartée avec soin des appareils déjà connus.

Le féculomètre Joulin et Truchon se compose :

1º D'un cylindre en métal muni d'un régulateur spécial

qui donne à l'écoulement de l'eau une précision rigoureuse ; à l'intérieur de ce cylindre se place un panier destiné à contenir les pommes de terre ;

2° D'un ballon portant sur le col une graduation spéciale à l'aide de laquelle on évalue directement par une simple lecture la richesse en fécule dans les limites comprises entre 12 et 25 0/0. L'opération demande 10 minutes environ.

Elle comporte 3 phases qui sont :

1° *Echantillonnage des pommes de terre.* — Prélever une certaine quantité de pommes de terre représentant la composition moyenne du lot (1).

2° *Mise au zéro.* — L'appareil étant placé sur le support descendre le panier jusqu'au fond.

Verser de l'eau jusqu'à ce que le liquide s'écoule par le robinet.

Ajoutons qu'il résulte du grand nombre d'expériences comparatives faites à l'aide de l'appareil d'une part, et du dosage chimique d'autre part, que le maximum d'écart qui existe entre les deux résultats est égal à 0,70 0/0. D'ailleurs les membres de la Chambre syndicale des féculiers ont adopté cet appareil pour toutes leurs transactions.

Nous arrivons maintenant à la pratique de la saccharification des pommes de terre.

Les pommes de terre sont nettoyées dans des laveurs à bras identiques à ceux que nous avons décrits pour le lavage des betteraves. Les tubercules sont alors soumis à une cuisson en autoclave, à 125°. Les *cuiseurs* employés ont la forme d'un cylindre, terminé par un cône. La vapeur y arrive par un robinet placé à la partie inférieure, traverse toute la masse en se répartissant dans toute la masse et peut s'échapper par une soupape de sûreté (Fig. 24). Un mano-

---

(1) Ces pommes de terre doivent être parfaitement lavées, puis essuyées avec un linge propre.

mètre indique la pression qui existe à l'intérieur du cuiseur et au moyen d'une table de concordance, on peut en
déduire la température à laquelle on travaille. La vidange

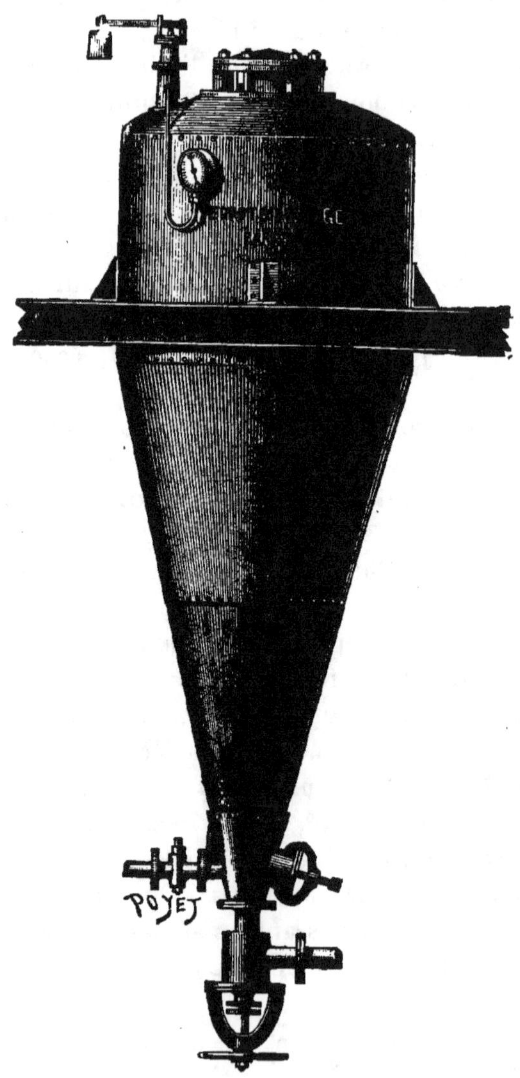

Fig. 24. — Cuiseur.

des tubercules cuits s'opère au moyen d'une large soupape placée à la partie inférieure. Les pommes de terre sont introduites par le trou d'homme disposé à la partie supérieure de l'appareil ; ce dernier peut contenir environ 1.500 kilogrammes de tubercules. On envoie de la vapeur, l'air se trouve chassé, puis on charge la soupape à 2 kg. 5 et l'on monte en pression jusqu'à 2 kg. 5 de pression, c'est-à-dire 125° à 130° de température. Les pommes de terre descendent le long des parois inclinées et remontent au centre de l'appareil ; les 75 0/0 d'eau contenus dans la pomme de terre sont suffisants pour transformer l'amidon en empois ; la cuisson est régulière puisque la masse est constamment agitée surtout si on travaille à *soupape soufflante*. L'opération dure environ une heure et demie ; lorsqu'elle est terminée on ouvre la soupape inférieure, la pomme de terre est poussée par la pression, se lamine entre les barreaux de la grille qui occupe le fond de l'appareil et vient tomber dans la *cuve matière* ou *macérateur* (Fig. 25).

Le macérateur porte sur son couvercle une cheminée en tôle avec un éjecteur de vapeur. Le moût provenant du cuiseur tombe dans la cuve matière par cet exhausteur et y subit l'action réfrigérante d'un violent appel d'air provoqué par le jeu de l'éjecteur. La cuve-matière est constituée par une cuve cylindrique en tôle à l'intérieur de laquelle tourne un agitateur. Un serpentin à circulation d'eau fraîche ou une série de faisceaux tubulaires produisent la réfrigération du moût. La saccharification proprement dite s'effectue à l'aide du *malt vert*. On opère à 65° à l'aide d'un lait de malt formé de 75 kg. d'orge germée et 200 litres d'eau (1) et préparé dans un *entonnoir à malt* relié à un triturateur centrifuge appelé *dépeleur* qui aspire le malt dilué pour le ren-

----

(1) A raison de cinq kilogrammes de malt pour 100 kilogrammes de pommes de terre.

voyer à nouveau dans l'entonnoir jusqu'à ce que le mélange
soit parfaitement homogène ; une tuyauterie permet ensuite de l'envoyer au macérateur.

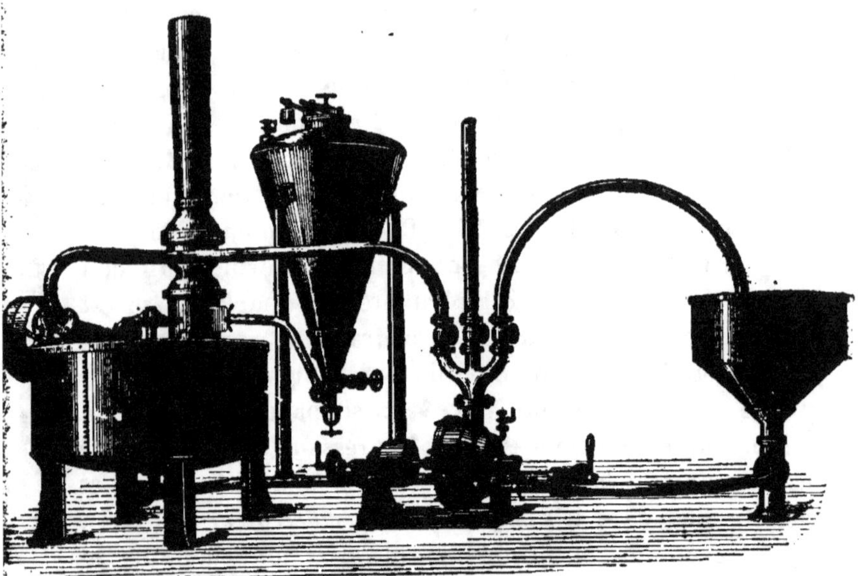

Fig 25. — Cuiseur, macérateur, dépeleur, entonnoir à malt pour le
travail des pommes de terre et des grains par le malt vert.

Le dépeleur se monte aussi en conjugaison avec la cuve-
matière, il joue alors le rôle d'agitateur et de broyeur, puissant la masse à la partie inférieure de la cuve et la rejetant
à la partie supérieure.

L'opération dure environ 3/4 d'heure.

La masse saccharifiée est ensuite refroidie dans un réfrigérant à ruissellement et à circulation intérieure des moûts,
avant d'être mise en fermentation (Fig. 26-27).

Fig. 26. — Distillerie de grains ou de pommes de terre (Elévation).

Fig. 27. — Distillerie de grains ou de pommes de terre (Coupe).

CHAPITRE II

FERMENTATION

Avant d'entrer dans le détail des conditions de fermentation que doivent subir les différents moûts dont nous avons examiné la préparation dans le chapitre précédent, nous donnerons à nos lecteurs quelques indications générales sur l'établissement et l'organisation des locaux dans lesquels doivent s'effectuer ces procédés industriels de fermentation.

L'installation des cuveries, expression employée pour désigner le local où sont placées les cuves à fermentation, exige certains soins, certaines conditions pour que l'opération puisse s'y faire d'une manière convenable.

Le local doit être construit dans une exposition spéciale, Est et Ouest autant que possible, les murailles doivent être très épaisses, les portes petites et peu nombreuses, les fenêtres étroites et juste assez grande pour donner le jour nécessaire au travail. L'élévation du plafond suffisante pour le maniement des cuves, en un mot, on doit prendre toutes les précautions pour éviter les courants d'air et les changements de température. Le sol doit être dallé en pierres ou en briques de manière à pouvoir être lavé fréquemment. Il faut éviter les mauvaises odeurs développées par un sol qui s'imprégnerait de matières fermentescibles, car on verrait bien vite se produire des germes innombrables de fermentations secondaires et putrides qui seraient très nuisibles à la marche régulière d'une fermentation qui ne doit être qu'alcoolique.

Pour éviter les changements de température soit en chaud soit en froid, il est même prudent de remblayer les murs à 1^{m}50 à 2 mètres avec de la terre gazonnée, on a alors une sorte de cave élevée dont la température est peu sujette aux influences extérieures.

La facilité de lavage du sol de l'étuve doit être combinée avec le plus grand soin pour plusieurs raisons : la première, la propreté ; la seconde, l'écoulement facile du gaz acide carbonique qui s'y accumule en grande abondance.

Le gaz acide carbonique, comme nous l'avons vu, est la conséquence de l'acte de la fermentation, il est irrespirable; les êtres vivants ne peuvent y séjourner sans périr rapidement par asphyxie, c'est un produit dangereux dont on doit éviter la trop grande accumulation dans les cuveries. L'acide carbonique on le sait, est plus lourd que l'air, il se tient toujours à la surface du sol, ce qui rend l'opération de son expulsion d'autant plus facile. Une simple ventilation basse suffit pour l'entraîner ; mais ce mode exige quelques précautions ; il ne faut pas faire arriver de l'air froid qui aurait pour inconvénient d'abaisser la température du local.

Pour ce qui est du chauffage des cuveries, il peut s'opérer, soit au moyen de poêles en fonte, soit en y faisant passer, ce qui est plus économique, la fumée de la machine à vapeur. Pour cela on dispose de longs tuyaux de tôle qui traversent le local d'un bout à l'autre. Il n'est pas besoin d'une température trop élevée, car dès que les cuves sont en fermentation, elles entretiennent la température rien que par la chaleur qu'elles dégagent. Il faut pouvoir chauffer à volonté pour avoir une température aussi régulière que possible, variant de 22 à 25° ; il est inutile et même nuisible de la pousser plus loin. Dans quelques usines, en hiver, on emploie la vapeur d'échappement des machines pour chauffer les locaux de fermentation.

Nous insistons sur tous ces petits détails relatifs aux cuveries, parce que plus loin on verra l'importance pour la régularité du travail et son rendement aussi complet que possible.

Pour ce qui est des cuves à fermentation, leur mode de construction n'est pas indifférent ; elles doivent être en bois très fort de 4 à 5 centimètres d'épaisseur, selon qu'elle sont de 20 à 30 hectolitres et au-delà, l'essence du bois doit-être soit du chêne. soit du sapin qui est plus économique d'établissement, mais de peu de durée ; le chêne est ce qu'il y a de mieux. Elles doivent avoir la forme d'un tronc de cône, c'est-à-dire que le bas doit être plus large que le haut, elles doivent être rondes, car c'est la forme la plus commode à entretenir propre, point de la plus haute importance. Cette forme, du reste, est plus favorable à entretenir une chaleur régulière, la forme carrée présentant des angles où la masse liquide est moins épaisse et plus sujette au refroidissement. L'industrie emploie maintenant des cuves en tôle très avantageuses surtout en ce qui concerne le nettoyage.

Les cuves doivent être disposées sur des massifs de maçonnerie à une certaine élévation du sol, de 25 à 30 centimètres, l'air doit pouvoir circuler sous les fonds pour en éviter la pourriture, faciliter le nettoyage et les réparations. Elles doivent être munies d'un robinet placé à la partie inférieure permettant le nettoyage parfait de la cuve et l'expulsion des dépôts.

Fermentation du jus de betterave

La fermentation peut se faire par deux procédés, l'un procédant par « pieds de cuve » dont l'origine est la levure pressée du commerce ; l'autre procède par levains purs préparés d'une façon continue que l'on ajoute à chaque cuve à mettre en fermentation ; cette méthode plus récente, tient compte des conditions de fermentation.

Dans l'ancien procédé on introduit une petite quantité de liquide fermentescible au fond d'une cuve, on y ajoute 25 kilogrammes de levure pour 100 hectolitres de moût, on agite énergiquement et quand la fermentation de ce pied de cuve est bien établie, on ajoute peu à peu du moût jusqu'à ce que la cuve soit remplie. La fermentation dure environ 20 heures. Avant qu'elle ne soit terminée, quand elle est très active, on la vide en partie dans une ou deux cuves, de façon à répartir le liquide qu'elle contenait en deux ou trois cuves dans lesquelles on fait arriver du moût et on laisse la fermentation s'achever dans la première, tandis qu'on opère sur la deuxième et sur la troisième comme on a opéré pour la première. Ainsi la levure d'une cuve sert à mettre en fermentation un certain nombre d'autres. Toutefois, comme les ferments deviennent de moins en moins actifs à mesure qu'ils viennent de plus en plus impurs et que les fermentations secondaires s'établissent, il faut remplacer plusieurs fois la levure au cours d'une campagne.

Le second procédé donne des résultats beaucoup plus certains ; les produits obtenus sont beaucoup plus purs.

PROCÉDÉ GUILLAUME. — Nous devons tout d'abord signaler le mode de fermentation employé dans les petites usines ne travaillant que 10.000 kilogrammes de racines par vingt-quatre heures à l'aide du nouveau matériel établi par MM. Egrot et Grangé sur les indications de M. Guillaume. La fermentation, dit ce dernier auteur (1), se fait à levure pure, et d'après une installation toute spéciale comprenant (Fig. 28).

a. Une petite cuve à levain de 2 à 3 hectolitres, en cuivre

(1) La nouvelle distillerie agricole, Guillaume.

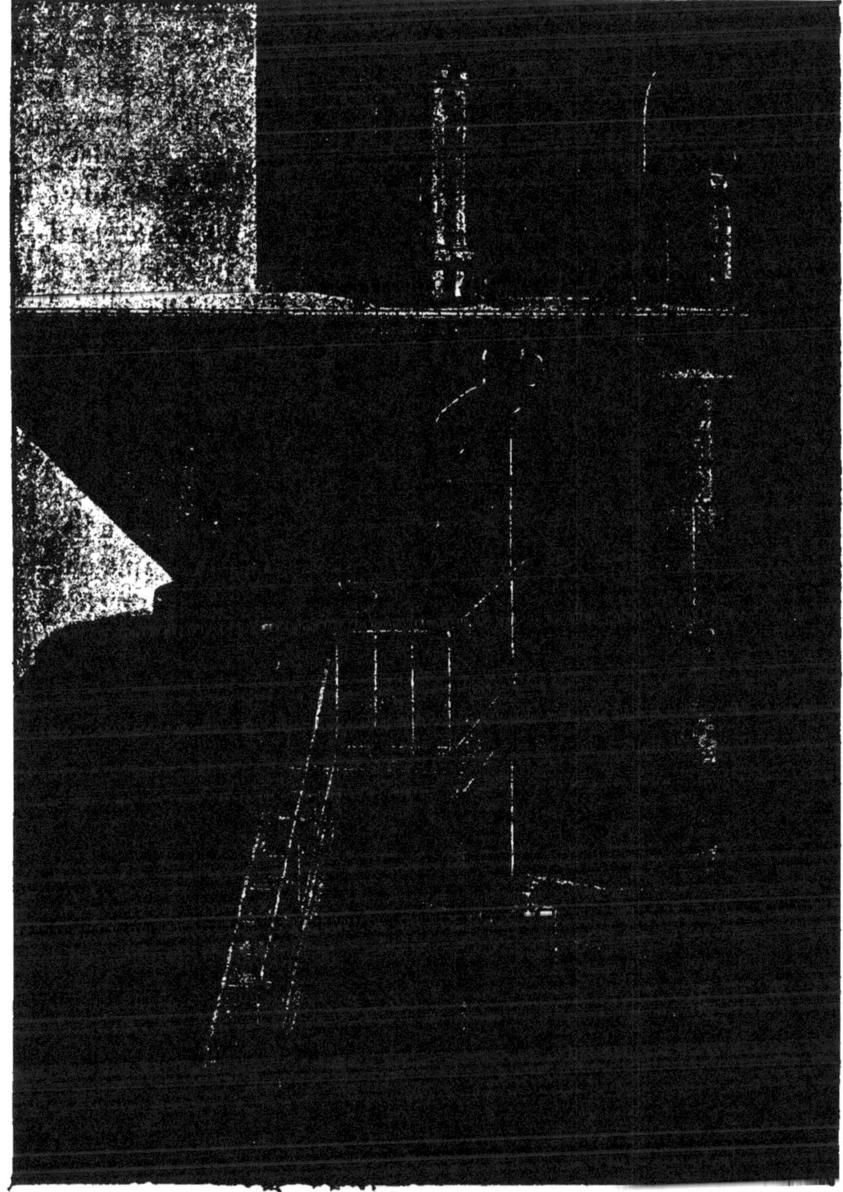

Fig. 28. — Fermentation continue aseptique. Système E. GUILLAUME, EGROT et GRANGÉ.

et étamée à l'intérieur, pour le réveil de la levure, sa culture et la mise au point du levain. Cette petite cuve est stérilisée à la vapeur, et elle est munie d'une arrivée d'air stérilisé. Le refroidissement, après stérilisation, est opéré par un ruissellement d'eau sur les parois extérieures ; le chauffage nécessaire à la stérilisation de cette petite cuve est fait par une arrivée de vapeur intérieure ; l'arriver d'air stérilisé est réglée par un robinet placé dans la partie basse, et la disposition est telle qu'on peut faire arrivée simultanément, et dans une proportion quelconque, l'air stérilisé et la vapeur. Enfin, le réchauffage, s'il est nécessaire en cours de culture du levain, se fait à l'aide d'une toute petite injection de vapeur, faite extérieurement sous le fond, et si, au contraire, il y a lieu de refroidir légèrement il est facile de le faire dans la mesure convenable par un ruissellement d'eau extérieur dont on règle l'intensité à volonté. Un thermomètre placé à la partie inférieure, dans une gaine faisant saillie intérieure et elle-même remplie d'eau permet de suivre la température du levain. Cette petite cuve à levain reçoit des jus provenant du stérilisateur et elle déverse le levain, lorsqu'il est arrivé à maturité, dans la grande cuve dont il va être parlé.

b. Une grande cuve, fermée et aseptisée pour opérer la fermentation principale ; cette cuve a le fond fortement conique de façon à pouvoir centraliser les dépôts pour les évacuer au fur et à mesure avec le jus ; elle reçoit tout le jus provenant de la diffusion passé préalablement au stérilisateur et refroidi à la température convenable, ainsi que les levains provenant de la petite cuve citée précédemment. Elle est munie d'une arrivée de vapeur, et d'une arrivée d'air stérilisé, ainsi que des moyens nécessaires de contrôle de la température intérieure et de l'activité de fermentation.

Au commencement de la campagne, cette cuve est complètement stérilisée à la vapeur avant de recevoir le levain préparé dans la petite cuve spéciale située au-dessus, comme il a été dit précédemment ; on laisse alors la fermentation s'établir et la cuve s'emplir normalement, de façon à ce que la densité du jus se trouve atténuée (c'est-à-dire diminuée), dans la mesure qui convient le mieux, comme marche de régime, pour la rapidité de la fermentation.

Une fois cela fait, cette cuve reçoit, comme il a été dit, tout le jus produit est déjà stérilisé, elle alimente ensuite, d'une façon constante et successivement trois petites cuves ouvertes, placées en contre-bas et d'une hauteur à peu près moitié moindre, destinées à laisser tomber la fermentation et à envoyer le jus fermenté à la colonne à distiller.

Le jus peut sortir de la cuve principale pour aller aux cuves de chute, tantôt par le milieu et tantôt par le haut.

Le niveau du jus en fermentation, dans la cuve fermée est variable à volonté, cela permet de régler le volume, de la masse en fermentation de façon à maintenir, la même chute de densité du jus à la sortie, malgré les variations qui peuvent se produire dans le débit horaire du jus frais arrivant en fermentation.

La chute de densité tend-elle à descendre trop bas ? cela veut dire que la fermentation est trop active et que la masse du levain, opérant cette fermentation, est trop grande ; par conséquent, il suffit de faire baisser le niveau du jus dans la cuve principale, en ouvrant plus fort le robinet de sortie qui alimente les cuves de chute ; au contraire la densité tend-elle à s'élever à l'arrivée du jus dans les cuves de chute ? on réduit cette arrivée, en fermant un peu le robinet de sortie, ce qui a pour effet d'augmenter le niveau dans la cuve de fermentation principale, et, par conséquent, la masse de jus qui se trouve en pleine fermentation, la chute de densité augmentera certainement.

Enfin, si cela est nécessaire dans certains cas par suite d'un arrêt ou de ralentissements prolongés, par exemple, on peut encore diminuer l'intensité de la fermentation en augmentant un peu l'acidité sulfurique, ou bien en abaissant la température dans cette grande cuve par un ruissellement d'eau extérieur, ou bien même en combinant ces deux procédés.

Ces *moyens multiples* permettent de bien *régler la marche de la fermentation sur la marche même du reste du l'usine*, ce qui est indispensable pour la réussite du procédé.

La sortie du jus en fermentation par le fond conique de la cuve principale fermée a pour but de pouvoir entraîner, par des extractions périodiques de jus allant aux cuves de chute, les dépôts divers (levures mortes ou autres), qui peuvent se faire dans le fond de cette cuve, et d'empêcher ainsi qu'ils y séjournent pendant un temps assez long pour qu'ils puissent y devenir nuisibles.

La prise du jus par le milieu permet d'extraire le jus à peu près à mi-hauteur de la masse en fermentation ; enfin la prise de jus par le haut permet de renouveler les mousses et toute la partie supérieure de la masse en fermentation.

On voit ainsi que, par cette disposition, chaque partie de la masse en fermentation, fond, milieu et partie supérieure, est exactement renouvelée à volonté ; normalement, il suffit de changer successivement et périodiquement les prises de sortie du jus pour que l'ensemble se maintienne dans les meilleures conditions.

La sortie se fait, par exemple, pendant 4 heures par le milieu, puis 4 heures par le haut, puis 4 heures par le fond, de façon à ce que le cycle entier soit fait une fois par poste.

Bien entendu, grâce à la petite cuve à levain, on peut, chaque fois qu'on le juge à propos, introduire un levain nouveau dans cette cuve fermée de façon à en rajeunir la levure. De même, du reste, on peut facilement cultiver parallèlement le levain dans la petite cuve, en n'en vidant chaque fois que les 2/3 ou la moitié seulement dans la grande cuve.

Toutefois, nous ne conseillons ce dernier moyen qu'avec une certaine réserve, parce que les chances de contamination de la grande cuve ne pourraient guère provenir que de la prolongation du fonctionnement de cette petite cuve ; et il suffit largement de cultiver cette petite cuve à levain pendant une seule journée, pour l'isoler ensuite d'une façon absolue, et cela chaque fois qu'on fait un nouveau levain à la levure pure pour le rajeunissement.

On voit que la principale fermentation se fait aseptiquement dans une grande cuve dont le jus est constamment renouvelé, arrivant toujours par le haut, en sortant tantôt par le bas du fond conique, tantôt par le milieu et tantôt par la surface, le tout à volonté. *Ce renouvellement constant du jus a une grande importance,* parce qu'il empêche l'accumulation des produits nuisibles au développement de levure que pourraient engendrer les résidus de la fermentation ou les sécrétions de la levure même.

Le dispositif général que nous indiquons ici nous paraît donc indispensable si l'on veut obtenir de bons résultats avec ce mode de fermentation continue, que l'on procède du reste, soit par le système de fermentation à la levure pure, soit même seulement par la fermentation non aseptique à la levure ordinaire.

Il y a incontestablement un grand avantage à faire que la masse principale du jus demeure continuellement en fermentation très active ; c'est la meilleure garantie contre la contamination. D'autre part, il est non moins important — qu'on nous excuse d'insister sur ce point — de pouvoir renouveler intégralement la masse du jus en fermentation y compris tous ses résidus (dépôts, sécrétions, etc.) ainsi que nous le faisons.

PROCÉDÉ JACQUEMIN. — Voici la description sommaire des appareils de M. Jacquemin, destinés à la préparation des levains purs continus, utilisés à la mise en fermentation des cuves d'une distillerie agricole, telle que la fait l'auteur lui-même (1).

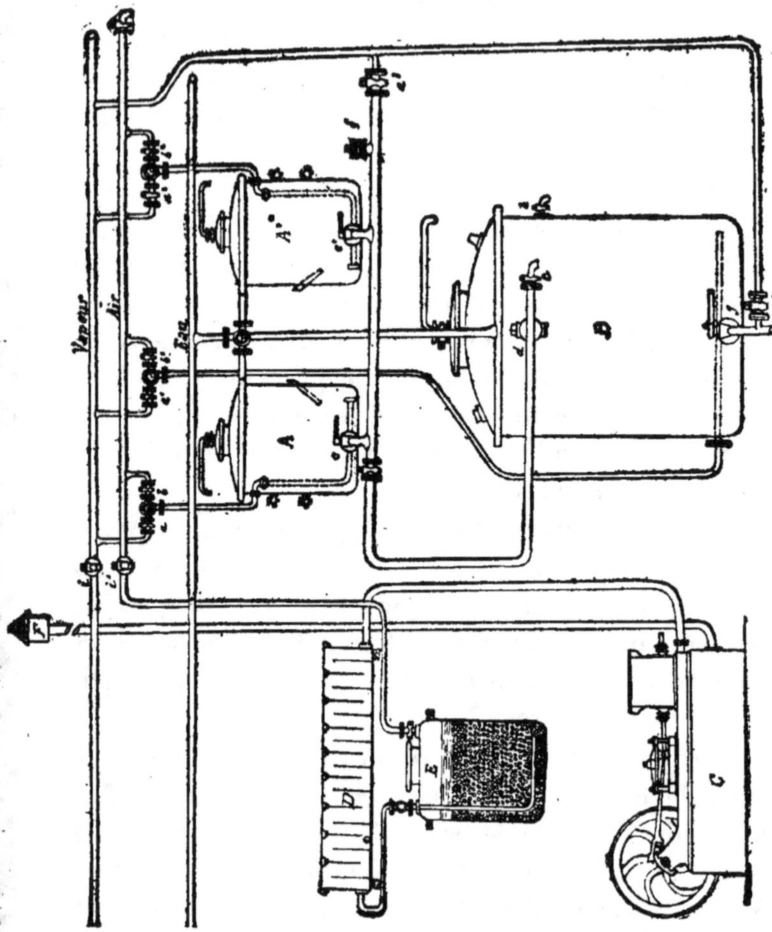

Levains continus. Appareils et Procédé G. Jacquemin.

Fig. 29.

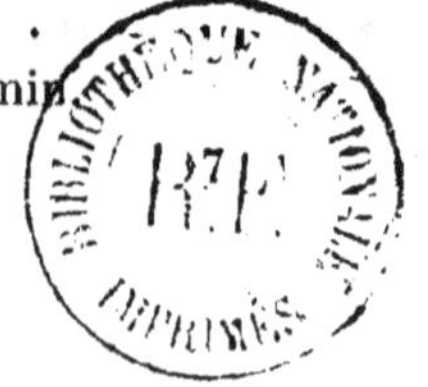

A gauche du schéma sont figurés les appareils pour la purification de l'air (Fig. 29).

Dans les bas, la pompe qui aspire l'air au-dessus de la

(1) Fermentations rationnelles, par G. Jacquemin.

toiture de la distillerie et le refoule dans un filtre en chïcanes en fonte rabotée, garni de coton salycilé, où il se débarrasse des germes qu'il tient en suspension. Entre le filtre et la pompe, un laveur d'air à graviers on à billes, où l'air déjà filtré abandonne les impuretés qui ont pu échapper au coton salycilé. Les billes ou le gravier sont là pour pulvériser l'air et l'empêcher de passer sous forme de gros globules, sans se laver dans le liquide antiseptique.

On remarque les petits purgeurs placés à l'extrémité du filtre en fonte. Le premier, à droite, est destiné à s'assurer que la pompe à air n'envoie pas d'eau ou d'huile de graissage dans le coton. Le second, à gauche, a pour but de s'assurer qu'il ne s'est pas élevé d'eau du laveur, par suite d'une contre-pression, comme il s'en produit parfois à l'arrêt de la pompe. Ce second purgeur permet aussi de faire des cultures pour s'assurer du bon fonctionnement du filtre. On lui adapte, au moyen d'un bout de caoutchouc, un tube en verre plongeant dans un ballon rempli en partie de moût stérilisé et muni d'un tube de dégagement. Si au bout de 48 au lieu de 96 heures, le ballon n'a pas perdu de sa limpidité, c'est que l'air est parfaitement stérilisé et que l'appareil par conséquent fonctionne convenablement.

A droite du schéma, sont les appareils de culture industrielle de la levure pure. Ce sont d'abord, en haut à gauche, des robinets à raccord donnant des prises d'air et de vapeur indépendantes. On peut avoir besoin d'air pur dans la cuverie pour aérer, par exemple une cuve portée en fermentation nitreuse, ce qui n'est jamais le cas cependant dans les fermentations pures. On peut avoir besoin de vapeur pour réchauffer les bassines de petits levains, par les temps froids. Ces deux robinets à raccord ont surtout pour destination la stérilisation du collecteur d'air, Il suffit de les réunir par un tube mobile en U, et l'on passe à la vapeur le collecteur terminé par un robinet de purge. Stérélisation automatique comme on le voit.

Sous les collecteurs d'air et de vapeur figurent quatre séries de trois robinets, dont un robinet d'air, un robinet de vapeur, séparés par un robinet intermédiaire, permettant d'ouvrir tantôt sur la vapeur, tantôt sur l'air. . . .

, ... , ...

Arrivons aux levains.

Nous commençons par remplir la bassine B de moût jusqu'à la moitié de sa hauteur. Nous portons à l'ébullition par le tube plongeant qui donne passage à la vapeur. Après quelques minutes d'ébullition, nous arrêtons la vapeur et nous ouvrons le robinet d'air. La masse du moût est brassée vigoureusement et amenée au contact de la paroi de la bassine sur laquelle coule l'eau de réfrigération venant de la couronne placée sur le haut de la calandre. En quelques minutes la température est abaissée de 30° centigrades. Nous introduisons la levure initiale. Vingt-quatre heures plus tard, notre petit levain est bon à prendre. Nous allons l'envoyer dans la grande bassine G, où nous avons stérilisé, de la même manière que la veille, du moût de mélasse peptonisée, si nous fermentons de la mélasse ; de grains, si nous travaillons du grain ; des betteraves, si nous sommes en distillerie agricole.

Mais avant de descendre en C le petit levain de B, nous avons préparé du moût stérile et peptonisé en B′ jusqu'a la moitié de la hauteur de la bassine, et nous l'avons ensemencé au moyen de quelques litres de moût en fermentation, refoulé par pression d'air de B en B′. Cela fait, nous descendons B en C, et dans douze heures nous en ferons autant pour B′ que nous enverrons en C′, après avoir toutefois préparé un troisième moût de levain en B, que nous ensemencerons par refoulement de quelques litres de moût en fermentation de B′ et ainsi de suite.

Ainsi se trouve assuré le roulement des levains continus. Lorsque le roulement des grandes bassines C et C' se trouve achevé, ce qui demande douze heures environ de fermentation pendant lesquelles l'aération aura été continue, nous les envoyons dans les cuves à pied de la distillerie. C'est le troisième et dernier levain.

Dans ces cuves à pied, nous ne stérilisons plus le moût avec le soin qu'a exigé celui des bassines en cuivre. Nous prenons le moût de la distillerie tel qu'il est préparé pour les grandes cuves et nous l'aérons pendant les douze heures que dure sa fermentation.

Alors nos opérations préparatoires sont terminées nous entrons dans la cuverie et nous abordons le travail industriel.

Si les levains, dans lesquels il est difficile de commettre une faute, ont été faits suivant les règles, on peut être certain, que la fermentation des cuves marchera sans encombre ; que la chute s'effectuera avec la régularité d'une horloge, et qu'elle sera complète ; et on constatera qu'il s'est formé de 1 à 2 dixièmes d'acide organique, acide carbonique déduit, malgré la faible acidité minérale initiale qu'on peut employer avec les levures pures.

Rarement, en effet, en mélasse, nous mettons plus de 1,5 en acide sulfurique libre par litre, et dans certaines distilleries, nous descendons au-dessous de 1 gramme.

Mais pour cela, il importe d'avoir des levains très purs et on est certain de les avoir dès que le départ de la levure a été opéré sans la moindre contamination. Tout dépend de cette première manœuvre. Et ensuite on peut marcher des jours et des semaines sans renouveler la levure initiale.

Cette levure a parfois marché pendaut six et sept semaines. Par prudence nous conseillons de renouveler la levure tous les huit ou dix jours.

Fabriquant sa levure lui-même, l'employant pure de bactéries, le distillateur réalise dans son usine les conditions du laboratoire, et fait scientifiquement un travail industriel.

PROCÉDÉ BARBET. — Voici maintenant comment M. Barbet décrit son procédé (1) :

Au fur et à mesure que les principes de Pasteur pénètrent dans la pratique journalière des industries de la fermentation, l'on arrive à cette conviction que la première condition à remplir pour obtenir les meilleurs résultats comme pureté et les plus grands rendements comme alcool, consiste à produire journellement, et en quantité suffisante des levains purs, provenant d'une race de levure appropriée au genre de l'industrie, et acclimatée à la nature du moût sucrée. Une fois ces levains obtenus, on peut sans aucun inconvénient laisser la fermentation proprement dite se faire à air libre car lorsque le moût est copieusement ensemencé de levure en pleine activité, il sait se défendre contre les bactéries pendant toute la durée de la fermentation alcoolique.

. . . .

Le principe du procédé est le suivant :

N'avoir qu'un seul et unique vase comme appareil à levains, s'arranger pour pouvoir en soutirer trois ou quatre levains par 24 heures, et faire l'appareil assez grand pour que chacun de ses levains puisse servir directement de pied de cuve sans aucun autre intermédiaire de prolification à air libre. L'appareil une fois ensemencé, doit pouvoir fournir des levains pendant plus d'un mois si toutes les précautions sont bien prises contre les contaminations. A cet effet, tous les robinets sont noyés dans les bassins d'eau formolisée, et toutes les soupapes possèdent une petite cuvette dans laquelle le calfat est protégé par de l'eau antiseptique.

(1) *Production continue de Levains purs en distillerie.* Extrait du « Bulletin » de l'Association des Chimistes de sucrerie et de distillerie de France et des Colonies. Juin 1900.

A l'appareil ainsi constitué, M. le Dr Calmette a bien voulu nous suggérer l'idée d'un perfectionnement fort utile pour pousser à la grande prolification de la levure en même temps que pour exalter sa force fermentative. Il nous a conseillé de faire en grand comme Pasteur faisait au laboratoire : pour revivifier une levure fatiguée il faut la cultiver pour ainsi dire *en voile*, c'est-à-dire dans un bouillon de culture de très peu d'épaisseur et largement étalé au contact de l'air. Pasteur avait recours, dans ce but, à de grands ballons dont le fond plat n'était recouvert que d'une mince couche de liquide. Le terme de « culture en voile » n'est pas exact pour de la levure, mais nous pouvons adopter l'expression de *culture en aérobiose*. Notre nouvel appareil à levains est une réalisation industrielle de ce principe. Nous dirons tout à l'heure, comment on introduit du moût stérilisé dans l'appareil à levains ; qu'il suffise de dire pour le moment que la stérilisation du moût se fait en dehors de l'appareil. L'appareil à levains est un cylindre vertical, en cuivre ou en tôle, porté sur un socle en fonte, et composé de deux parties distinctes : le bas fait réservoir de jus en fermentation pure, tandis que le haut comprend de quatre à six plateaux d'*aérobiose* sur lesquels le liquide forme une couche très mince d'environ 2 centimètres d'épaisseur (Fig. 30).

Le liquide du réservoir inférieur est perpétuellement remonté sur le plateau supérieur au moyen d'un émulseur à air stérilisé K.

On connaît le principe de l'émulseur ; M. Zambeaux l'a utilisé d'une façon très ingénieuse pour monter l'acide sulfurique dans les réservoirs supérieurs des tours d'épuration. Notre émulseur K est une sorte de petit tubulaire qui est très allongé et qui ne comprend que six à dix tubes de cuivre de faible diamètre. Dans l'orifice inférieur de chacun des tubes, nous engageons une petite buse verticale par

laquelle sort un jet d'eau stérilisé. L'air se divise en une
série de bulles qui occupent toute la largeur du tuyau, et

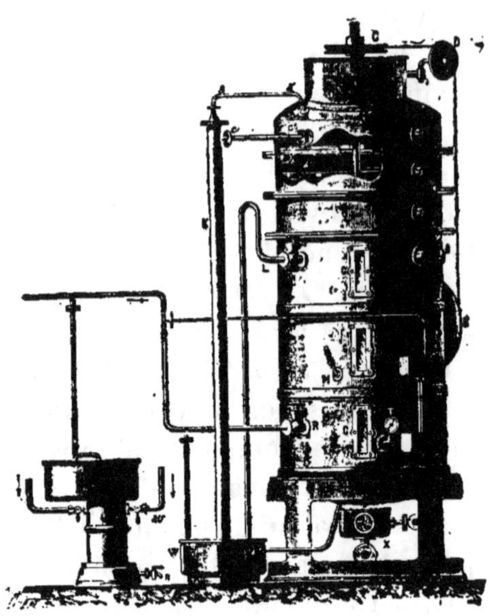

Fig. 30. — Appareils à levains purs (système Barbet).

qui sont séparées les unes des autres par des anneaux de
liquide que l'on a comparés à des *pistons liquides*. Si l'arrivée d'air est suffisante, la somme totale des pistons liquides
dans l'un quelconque des tubes forme une colonne liquide
de hauteur moindre que la hauteur du liquide existant dans
le bas de l'appareil à levains. L'équilibre est rompu, et par
suite de la loi sur les vases communiquants, le liquide prend
un mouvement ascensionnel continu dans le tube pour se
déverser pour $c\,c'$ sur le plateau supérieur d'aérobiose.

Ce plateau, étanche sur un pourtour, porte au centre un
petit rebord qui forme déversoir. L'excès de liquide tombe
sur le deuxième plateau qui, au contraire, n'a de déversoir
qu'à la périphérie. Le liquide parcourt donc les plateaux

alternativement de la circonférence au centre et réciproquement. Dans tout ce parcours, le moût sucré en fermentation est étalé au large contact de l'air amené par l'émulseur. L'acide carbonique se dégage, le moût s'en débarrasse totalement, et à la place il se dissout de l'oxygène par un phénomène analogue à celui de la respiration pulmonaire. Il est incontestable que de cette façon l'air agit beaucoup mieux sur la levûre que l'air injecté en gros bouillons au fond d'un récipient. Une comparaison fera saisir la différence du mode d'action.

Supposons qu'au lieu de levure on mette dans le moût un organisme nettement amphibie, comme par exemple une mucédinée,

La culture sur les plateaux va donner tout de suite des mycéliums aériens. Tandis que dans le réservoir inférieur, on ne produira que la forme anaérobie ou immergée de la mucédinée ; les mycéliums se sectionneront et prendront la forme de globules ovales ressemblant à des levures et donnant une production d'alcool.

Un axe vertical traverse l'appareil à levains ; cet axe porte des brasses métalliques pour mettre en suspension les levures déposées sur les plateaux ; on les fait tourner de loin en loin par un mécanisme à la main, G D E ; H est une cuvette à eau formolisée pour noyer le calfat et la soupape de sûreté.

L est la sortie du mélange d'air et d'acide carbonique ; il barbote dans la cuvette W de l'émulseur.

M_1 Tubulure d'ensemencement de la levure pure.

R Entrée d'air stérilisé pour barbotage direct.

G Glaces pour voir le niveau.

T Thermomètre.

X Robinet de vidange (noyé), portant latéralement une tubulure pour recevoir, soit de la vapeur, soit do l'air stérilisé.

Le stérilisateur d'air, placé à gauche de la figure, se compose d'un filtre à ouate enfermé à demeure dans un autoclave à vapeur. L'air commence par circuler dans un serpentin noyé dans l'enveloppe à vapeur où il peut s'échauffer à haute température. Puis il traverse de bas en haut le coton qui est chauffé par l'enveloppe du filtre. De cette façon toutes les parties de l'ouate sont portées à la température de stérilisation. On peut alors supprimer la vapeur de filtration de l'air suffisant à le débarrasser de ses germes, pourvu que le coton soit purifié de temps en temps à la vapeur. On peut également laisser en permanence un filet de vapeur pour tiédir l'air, parce que l'aération refroidit sensiblement les moûts.

. . . .

Une fois cet appareil à levains expliqué, voici comment nous procédons pour le travail de la betterave (Fig. 31).

A sont les bacs mesureurs de jus de la diffusion ou de la macération. La totalité des jus est stérilisée à une température très voisine de l'ébullition pour détruire ; en même temps que les bactéries, la diatase saccharogénique que contient le jus de betteraves, et qui, d'après nous, est l'adversaire de l'invertase de la levure.

La stérilisation se fait dans le bac en tôle G, et, pour réduire au minimum la dépense de vapeur et d'eau, le jus avant d'y entrer traverse un appareil tubulaire B où il reprend, par un échange méthodique, la chaleur du jus stérilisé sortant de G, et entrant par la soupape R dans la caisse tubulaire ; le refrigérant très méthodique V complète la réfrigérant du jus.

Les caisses tubulaires avant emploi, sont soigneusement stérilisées à la vapeur (soupape J au récupérateur), ainsi que toutes les conduites de connexion ; l'effet de la vapeur est complété par l'injection d'un peu de formol, instantanément diffusé par la vapeur dans toutes les parties des appareils.

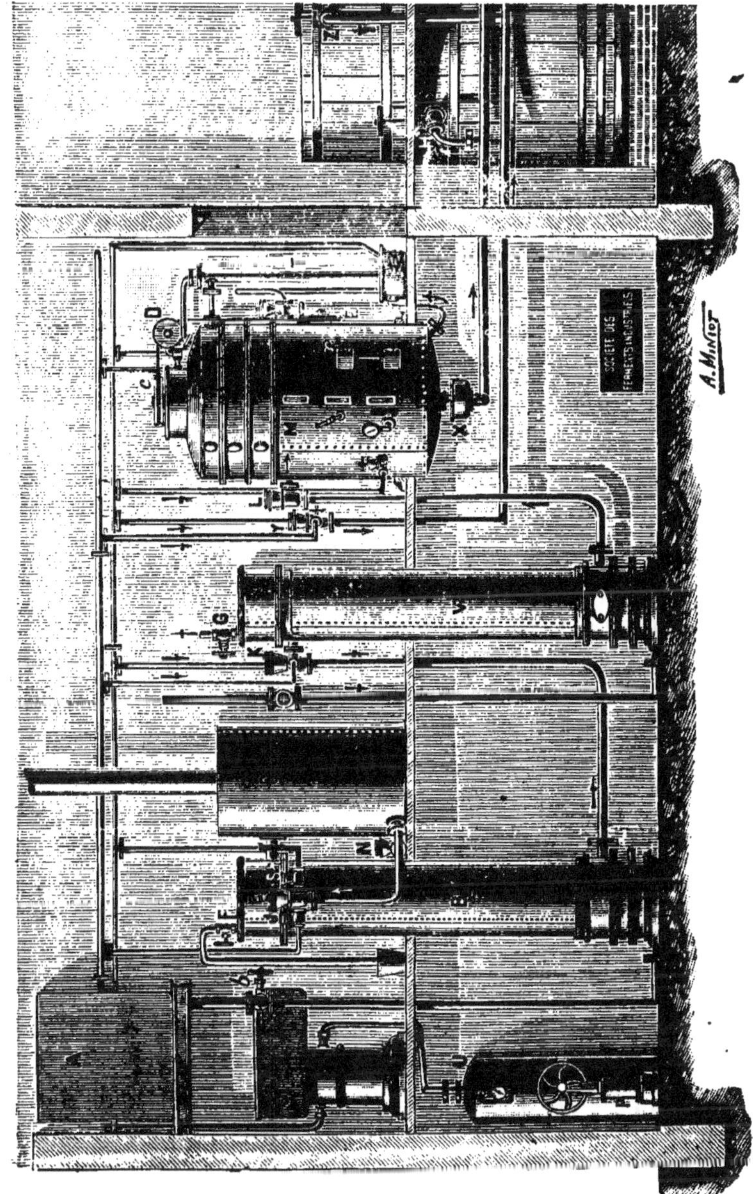

Fig. 31. — Fermentation du jus de betteraves (système Barbet).

Le jus stérilisé refroidi est dirigé, soit dans l'appareil à levains M par la soupape L, soit à la cuverie par la soupape Y. Les jus doivent être distribués par tuyauteries et non par nochères à air libre, afin d'arriver sans contamination jusqu'aux cuves.

Fermentation des Mélasses de betteraves.

La mélasse provenant de la sucrerie est une matière qui se prête le plus difficilement à la distillation. Elle renferme en effet, en outre de 45 0/0 de saccharose environ, tous les sels contenus dans la betterave, en particulier des nitrates ; la grande proportion de ces sels, jointe à sa réaction alcaline font de la mélasse, un milieu absolument défavorable à la levure. Il faut avant tout la rendre propre à subir l'action de cet organisme.

On commence par ajouter de l'acide sulfurique, de façon que la mélasse préalablement étendue d'eau jusqu'à 7° B, ait une acidité de 2 gr. 5 par litre (exprimée en acide sulfurique).

Un deuxième traitement a pour but de détruire les nitrates en faisant bouillir la mélasse avec de l'acide sulfurique, dans un vase en plomb ; la masse est constamment traversée par un courant d'air froid qui empêche les caramélisations et entraîne les gaz formés au cours de cette dénitrification de la mélasse.

Enfin il faut fournir des aliments à la levure ; les matières azotées et minérales seront apportées par du maïs saccharifié à l'acide.

Pratiquement, voici comment la fermentation se met en marche. Dans une cuve de 30 à 40 Htl. destinée à contenir environ 500 kilogr. de mélasse, on introduit 20 kilogr. de maïs préalablement saccharifié, 50 kilogr. de mélasse,

3 hectol. d'eau, 4 kilogr. d'acide sulfurique, délayés dans un hectolitre d'eau et enfin 2 kilogr. de levure ; puis on abandonne ce pied de cuve à la fermentation ; si celle-ci s'établit bien, si elle est très active, 7 à 8 heures après on ajoute dans la cuve 450 kilogr. de mélasse cuits préalablement avec 4 kilogr. d'acide sulfurique et 300 hectolitres d'eau. La fermentation s'empare bientôt de toute cette masse et se termine environ 48 heures après.

M. Barbet a appliqué l'usage des levains purs à la distillerie de mélasse. Voici la description de son procédé tel qu'il la fait (1).

La première idée consisterait à faire un travail analogue à celui organisé pour le travail de la betterave ; on remplacerait les bacs mesureurs de jus par deux grandes cuves à diluer la mélasse à 1.080 ou davantage, et les opérations se suivraient dans le même ordre, sauf qu'on ferait réellement bouillir le stérilisateur, afin de dénitrer la mélasse (Fig. 32).

Mais le dénitrage ne se fait pas bien en moûts dilués, parce que l'acidité n'est plus assez forte. Aussi nous avons modifié le procédé comme suit :

A, sont deux cuves de dilution à 28, 30° B, avec un peu d'eau et la totalité de l'acide sulfurique nécessaire à la fermentation, b est un bac régulateur d'alimentation, B le réparateur.

La mélasse échauffé à 80° environ par ce répurateur, entre au dénitreur continu G, où elle subit avec ébullition de quinze à vingt minutes avant de sortir a continu par le fond de l'appareil.

De là, au lieu d'aller au récupérateur, elle se rend à un délayeur D en cuivre, fermé par un couvercle en fonte et muni d'un mouvement mécanique d'agitateur.

Pour diluer la mélasse bouillante, on emploie de l'eau

---

(1) Production continue de levains purs en distillerie (*loc. cit.*).

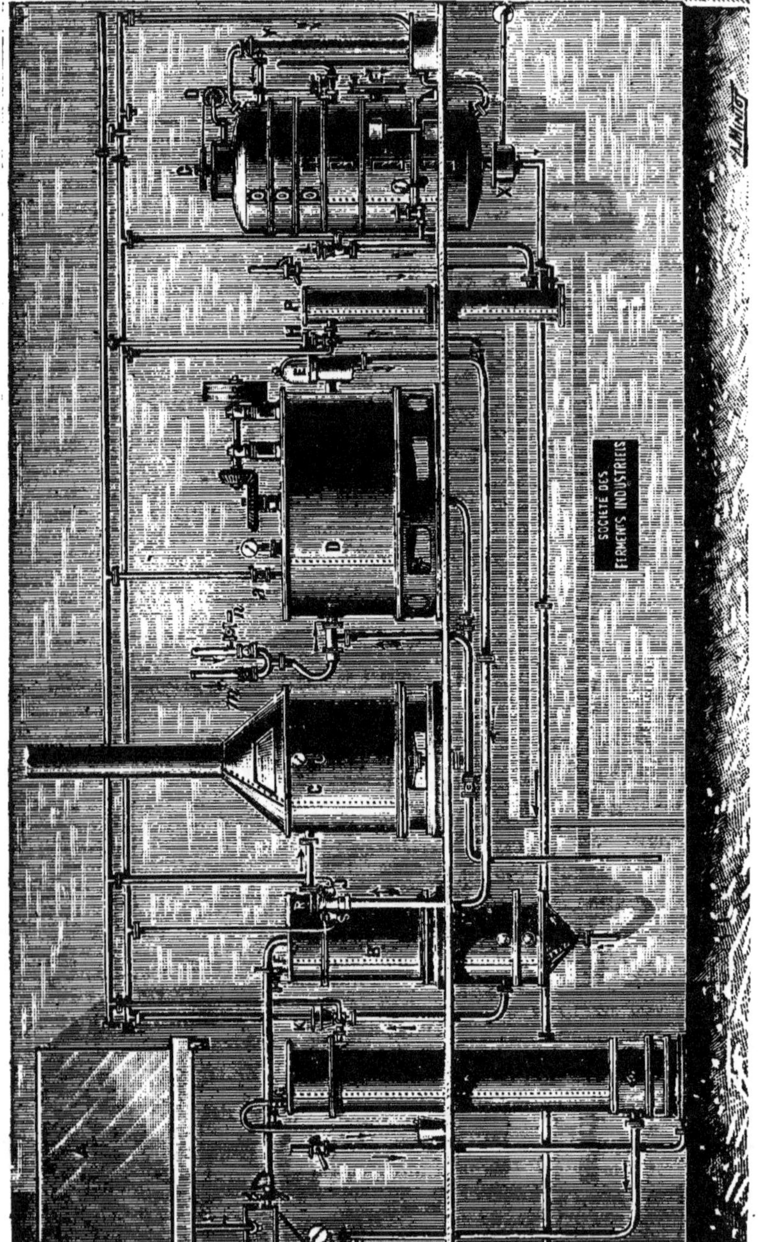

Fig. 32. — Fermentation des mélasses (système Barbet).

chaude des condenseurs, et même une certaine proportion de vinasse bouillante ; ces liquides sont réglés respectivement par les robinets n et m, et se mélangent à la mélasse avant l'entrée dans le délayeur dans une sorte de « mischapparat » comme disent les Allemands.

La température de la dilution est en général de 80°. On peut l'augmenter un peu avec une injection de vapeur ; mais en somme, eu égard à la présence de l'acide, la température de stérilisation efficace n'est pas très élevée, et les 80° font une purification pratiquement suffisante pour la courte durée de la fermentation industrielle.

A la sortie est une éprouvette E où l'on constate en permanence la densité et la température. 1.060 à 80° font 1.082 à 21°, température de l'envoi à la cuverie.

Au sortir de cette éprouvette, le moût dilué retourne au récupérateur B de tout à l'heure pour échauffer la mélasse à dénitrer. De là enfin, il passe au réfrigérant V et à la cuverie.

Pour les levains M, on prélève directement sur le délayeur D du moût que, pour la circonstance, on réchauffe jusqu'à 97-98° afin d'avoir une stérilisation plus certaine. Réglé par la soupape H, ce moût se refroidit dans le refrigérant spécial P, et entre par L dans l'appareil à levains.

Cet appareil fonctionne comme nous l'avons vu plus haut. On peut s'arranger pour envoyer dans D un peu de sirop de maïs saccharifié à l'acide et filtré, afin de fournir à la levure quelques éléments plus favorables que ceux de la mélasse seule, ou bien l'on se contente d'ajouter du maltopeptone.

L'emploi des levains très actifs permet de charger les cuves à très haute densité, jusqu'à 1100, ce qui économise du charbon pour le travail de potasserie. Cette même activité de fermentation permet d'arriver à peu près au même but par le remploi d'une certaine proportion de vinasse au délayeur. Si, par exemple, on fait rentrer 1/4 de vinasse, il n'y a plus que 3/4 du volume des vinasses à évaporer, et une fois le régime établi, ces 3/4 contiennent la totalité des sels et des matières organiques qui doivent sortir chaque jour du travail. Les vinasses sont donc plus concentrées et l'évaporation demande d'autant moins de charbon.

Enfin, les levains purs permettent de diminuer la dépense d'acidité, d'enrichir le salin en carbonate de potasse, et d'obtenir des flegmes plus purs.

Fermentation des grains et de la fécule saccharifiés

Le moût obtenu par la saccharification des grains est généralement trop épais pour subir avantageusement la saccharification, aussi doit-on l'étendre avec de l'eau ou des vinasses préalablement stérilisées. On peut ensemencer le moût directement avec 500 grammes de levure par 600 kilogrammes de grains.

Il est préférable d'opérer à l'aide d'un pied de cuve. On ensemence une petite quantité de moût avec la quantité de levure précédemment indiquée et quand la fermentation est bien lancée on ajoute progressivement le reste du moût.

Enfin un procédé très en usage consiste à employer les levains lactiques. On prépare un pied de cuve avec un moût que l'on porte à 40° pour favoriser l'évolution du ferment lactique. La fermentation est arrêtée en refroidissant le moût à 23-25°C et la fermentation alcoolique est lancée par une addition de levure ; quand elle est en pleine marche on ajoute ce pied de cuve au moût à faire fermenter.

Le rôle de l'acide lactique préparé pendant la première phase a été expliqué par le Dr Effront : l'acide diminue le pouvoir reproducteur de la levure et par conséquent augmente le pouvoir ferment. Cet auteur a proposé aussi l'emploi de l'acide fluorhydrique qui semble donner encore de meilleurs résultats.

L'usage des pieds de cuve lactiques et de l'acide fluorhydrique est recommandable pour la mise en fermentation des moûts de fécule de pomme de terre.

CHAPITRE III

DISTILLATION

La distillation a pour but d'extraire l'alcool contenu dans les *moûts fermentés* ou *vins* d'origines diverses. Cette opération s'effectue d'une façon continue dans des appareils comportant comme organe principal une *colonne à plateaux* dans laquelle s'effectue la concentration de l'alcool. Chaque appareil de distillation comporte en général :

1° Une *chaudière* où le liquide à distiller est porté à l'ébullition, soit par chauffage à feu nu, soit plus souvent à la vapeur ;

2° La *colonne* où les vapeurs alcooliques sont concentrées et purifiées ;

3° Un *réfrigérant* destiné à condenser les vapeurs alcooliques.

La colonne est formée par la superposition d'un certain nombre de plateaux dont les dispositifs varient avec les constructeurs.

Dans le système *Champonnois* chaque plateau est en fonte et percé en son milieu d'une ouverture à rebords, surmontée d'une calotte qui se prolonge au moyen de six pattes d'oie en fonte qui reposent sur les plateaux par des rebords échancrés. Tantôt à droite, tantôt à gauche on a pratiqué un tube de retour permettant la rétrogradation de la vinasse vers la partie inférieure de la colonne.

La colonne *Savalle* comporte des plateaux portant chacun
sur leur fond deux larges fentes à bords relevés disposés en
chicane, qui peuvent être recouvertes par deux gouttières
fixées au plateau supérieur.

La colonne *Egrot* a été établie dans le but de réduire le
nombre des plateaux. L'examen de la figure 33 évite toute
description et fait comprendre le fonctionnement.

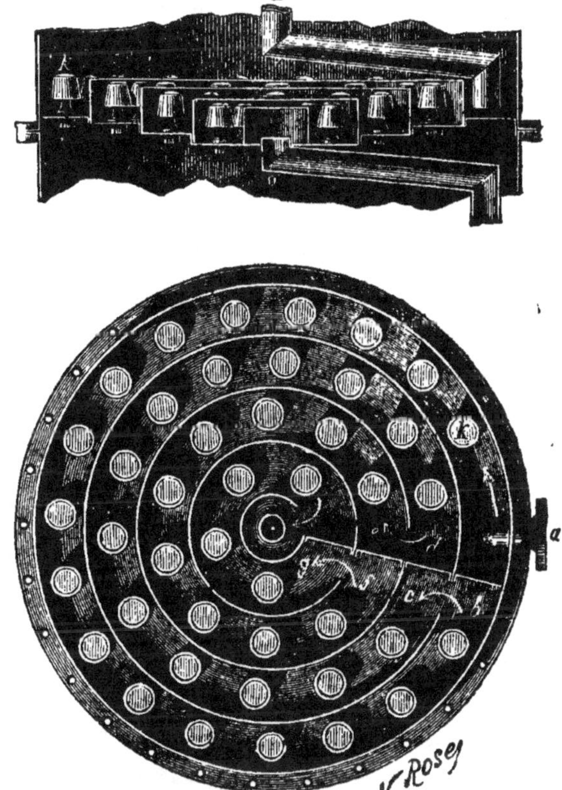

Fig. 33. — Coupe et plan du plateau de distillation
de l'appareil Egrot.

Le liquide arrivant d'un plateau supérieur par le tuyau *a*, parcourt dans le sens des flèches l'anneau extérieur *a b*, descend en *c* et parcourt en sens inverse *c d*. Il suit de même les quatre anneaux concentriques disposés les uns au-dessous des autres, comme le montre la coupe de l'appareil. Enfin, arrivé au centre du plateau, en O, ce liquide descend sur le plateau inférieur où il recommence une circulation semblable. La surface du plateau est donc utilisée de telle sorte que le vin y parcourt un chemin très long ; de plus, la disposition en cascade, lui permet d'effectuer ce long parcours avec une grande régularité de niveau ; enfin, le grand nombre de petits bouilleurs *b*, interposés sur le passage du liquide, le divisent, le brassent et font que toute la masse du liquide est bien exposée aux vapeurs montantes.

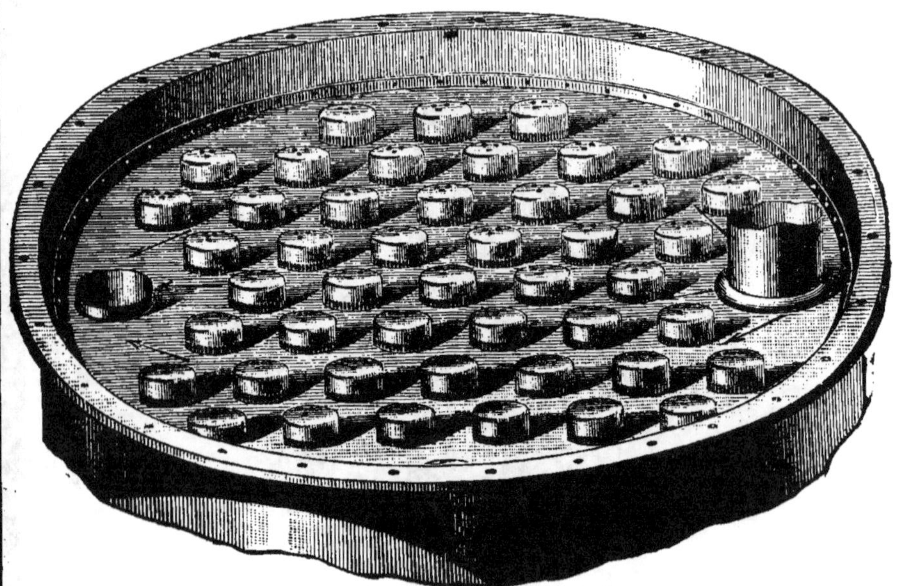

Fig. 34.

Signalons encore les plateaux à calottes-peignes du système *Barbet*, dans lesquels la vapeur emprisonnée sous chaque calotte se lamine finement à travers les peignes de cette calotte (Fig. 34).

Examinons maintenant le fonctionnement d'un appareil distillatoire tel que celui représenté par la figure 35.

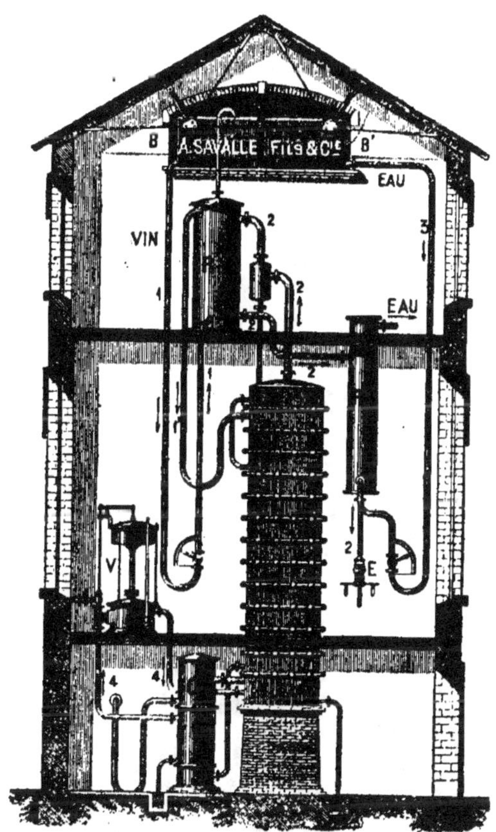

Fig. 35. — Appareil distillatoire (système Savalle).

Le vin placé en pression dans la bâche B descend par le tube n° 1 et vient aboutir à la partie inférieure du réfrigérant R où il s'échauffe en refroidissant les vapeurs alcooliques provenant de la colonne. Il sort à la partie supérieure de ce chauffe-vin, il est conduit par le tube 1′ à la partie supérieure de la colonne. Il tombe de plateau en plateau, l'alcool se dégage pendant que la vinasse vient se rassembler à la partie inférieure de la colonne, puis dans le chauffoir à vinasse G qui en porte une partie à l'ébullition pour établir le régime de la colonne.

L'alcool mis en liberté s'échappe par le tube 2 qui traverse une *bouteille* qui a pour effet de condenser les parti-

Fig. 36. — Régulateur de vapeur.

cules moins volatiles et de les faire rentrer en travail. Les vapeurs alcooliques pénètrent alors à la partie supérieure du réfrigérant à vin, circulent à l'extérieur des tubes qui sont parcourus à leur intérieur par le vin. La condensation de ses vapeurs s'achève dans le réfrigérant à eau R𝑧. L'alcool complètement refroidi s'écoule par l'éprouvette E.

La marche régulière de cette colonne est assurée à l'aide d'un régulateur de vapeur V (Fig. 35).

Pour la distillation des liquides épais on emploie des

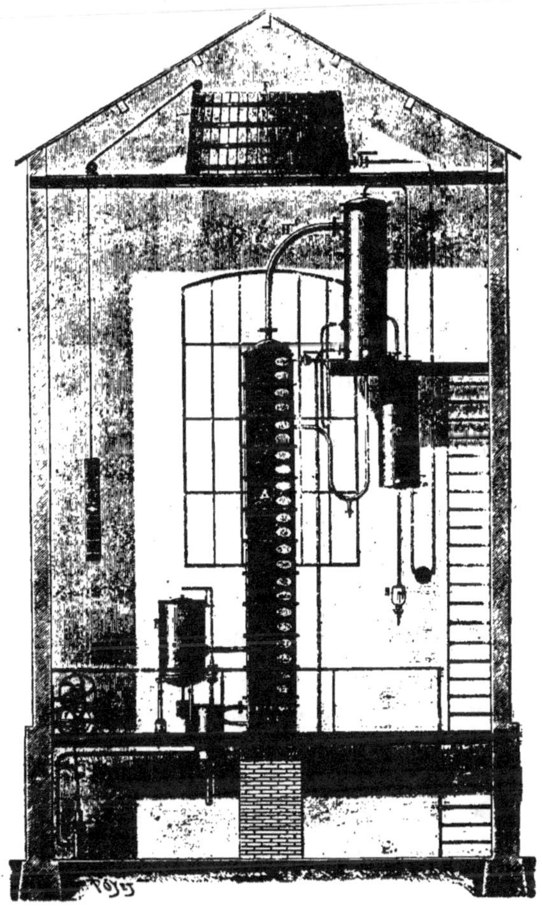

Fig. 37. — Appareil distillatoire pour les moûts épais
(système Egrot et Grangé).

colonnes dont les plateaux sont pourvus de barbotteurs et de trop pleins assez larges pour éviter les obstructions. Des regards à démontage rapide permettent le nettoyage facile de la colonne (Fig. 37).

La maison *Savalle* a établi, sur les indications de M. Sorel, un *appareil horizontal pour la distillation des moûts épais*. Son fonctionnement est basé sur ce qu'un liquide chaud étalé en couches minces en contact avec un courant de vapeur alcoolique se met momentanément en équilibre avec elle, et la vapeur du courant prend la composition de celle qui se dégage du liquide.

Ceci posé, voici d'après les constructeurs, la disposition intérieure de l'appareil :

Un cylindre horizontal est divisé en deux parties par un joint horizontal passant par l'axe. Chaque moitié est subdivisée en une vingtaine de compartiments par des cloisons transversales, formant une fois l'appareil monté, autant de chambres : les cloisons inférieures sont munies alternativement à droite et à gauche d'échancrures permettant la circulation des liquides et d'orifices ronds pour le passage des arbres (Fig. 38).

Un ou plusieurs arbres parallèles à l'axe portent chacun un disque dans chaque chambre, ce disque est muni d'une palette qui passe à une distance très faible des cloisons et du cylindre de façon à empêcher tout dépôt. De plus, chaque fois que la palette sort du liquide, elle détermine la formation d'une petite vague qui oblige le liquide à passer par-dessus l'échancrure de la cloison dans le compartiment suivant. Il y a donc circulation d'un bout à l'autre sans que les contenus de deux compartiments successifs puissent se mélanger accidentellement.

La vapeur circule en sens contraire du mouvement des liquides ; les obstacles présentés alternativement par les cloisons et par les disques la forcent à lécher leurs surfaces imbibées de liquide, à en vaporiser l'alcool, en un mot à produire l'épuisement.

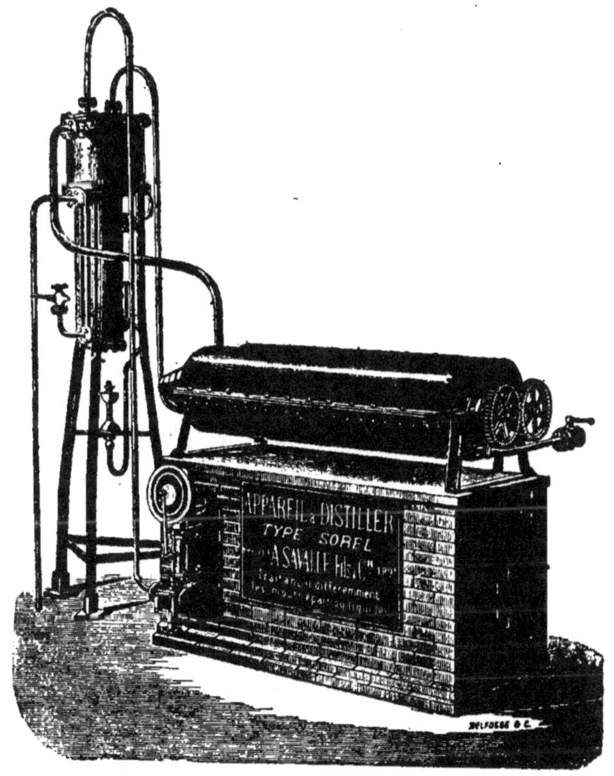

Fig. 38. — Appareil horizontal à distiller (système Sorel).

Comme le mouvement de rotation est lent, il ne peut se produire d'émulsion, et, grâce au mouvement des râclettes, toutes les matières sont maintenues en suspension et finalement expulsées.

On a d'abord fait des essais sur un petit appareil de ce système, qui a permis de traiter indifféremment des moûts de mélasse, des moûts de grains par le malt vert très épais, enfin des lies de vin.

Il a été constaté que, malgré les difficultés d'une installation provisoire, le nouveau distillateur continu dont les plateaux avaient 0 m. 42, a épuisé par heure 300 litres de moûts, en donnant des flegmes à 60°, qu'il ne s'est pas engagé, qu'on a pu l'arrêter 12 heures et le remettre en route sans difficulté, enfin qu'un lavage à l'eau sans démontage l'a complètement nettoyé.

Malgré ses dimensions exiguës, cet appareil peut traiter par 24 heures. 7.200 litres de moûts soit clairs, soit épais : ce qui correspond à un travail journalier de 6.000 kilos de pommes de terre.

Dans le but de restreindre les dimensions des appareils, de diminuer l'emplacement nécessaire la maison Egrot a établi la *colonne inclinée à circulation libre*, système Emile Guillaume, dont voici la description (Fig. 39) :

La colonne proprement dite se compose d'une partie supérieure divisée en plusieurs compartiments pour former des chambres de vapeur, et d'un fond incliné sur lequel les moûts à distiller qui arrivent par le tuyau *b* circulent à pleine section sans rencontrer aucun obstacle, alternativement de droite à gauche et de gauche à droite, en descendant, pour arriver dans le dernier compartiment au bas de la colonne.

La section de circulation de ce moût est demi-circulaire, de façon à favoriser l'écoulement en empêchant toute zone de repos.

La vapeur de chauffage arrive en *d*, passe par dessous tous les diaphragmes en barbotant méthodiquement de compartiment en compartiment, pour arriver dans le dôme faisant fonction de brise-mousse, puis se rendre au chauffe-vin, au réfrigérant et à l'éprouvette.

La vapeur rencontre dans les compartiments supérieurs de la colonne les liquides provenant de la rétrogradation du condenseur. Le degré alcoolique que l'on veut obtenir règle le nombre de plateaux de cette colonne de concentration.

L'ensemble tubulaire *B* comporte deux parties ; les vapeurs sortant de la colonne commencent à se condenser dans les tubes du haut, dans lesquels le refroidissement **est** fait par le vin, et remplissent ainsi l'office d'analyseur. La condensation et le refroidissement des vapeurs alcooliques complémentaires se terminent à l'eau dans les tubes inférieurs.

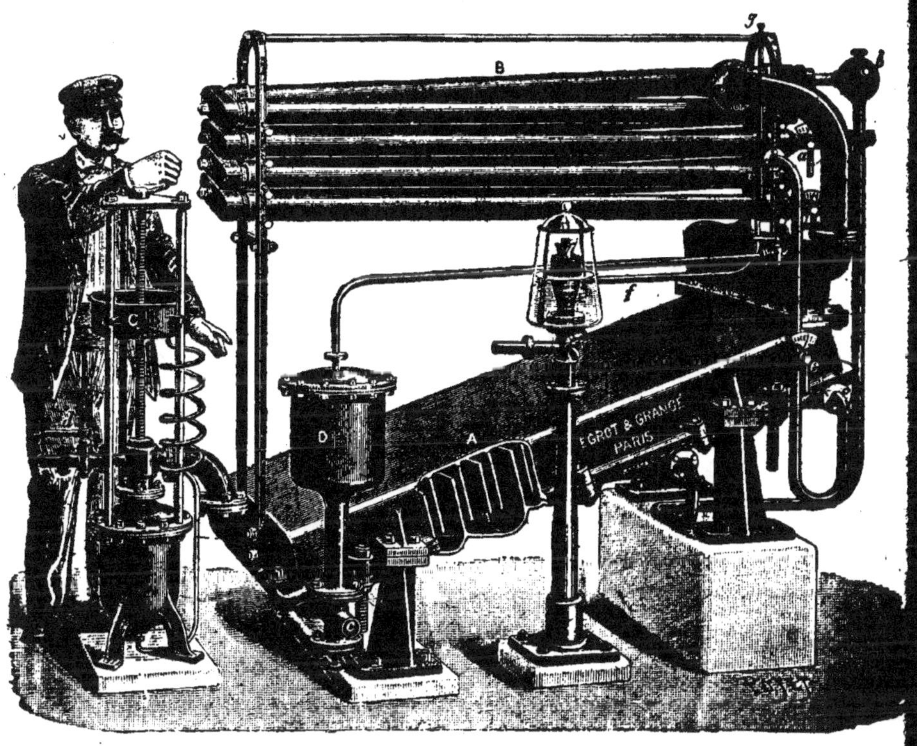

Fig. 39. — Colonne inclinée à circulation libre (système E. Guillaume).

Ces organes tubulaires sont entièrement démontables en quelques minutes.

On peut varier instantanément le régime de pression de l'appareil en tournant la poignée du régulateur à régime variable, système Guillaume. Enfin, on peut modifier en cours de marche le degré de l'aloool en agissant sur le robinet *e*.

Les moûts épuisés de leur alcool étant arrivés dans le compartiment inférieur sont extraits de la colonne à distiller d'une façon continue, en *c* au moyen de l'extracteur *B*.

Les appareils que nous avons décrits dans ce chapitre produisent des alcools impurs ou *flegmes*. Ces derniers sont dits à *bas degré* quand ils marquent 50 à 60° Gay-Lussac ; ils sont à *haut degré* quand ils marquent 95°. Pour obtenir ces derniers, il faut ajouter aux appareils à plateaux des analyseurs, ou rectificateurs ou déflegmateurs.

CHAPITRE IV

RECTIFICATION

La rectification a pour but d'éliminer des flegmes obtenus par la distillation, toutes les impuretés qu'ils contien-

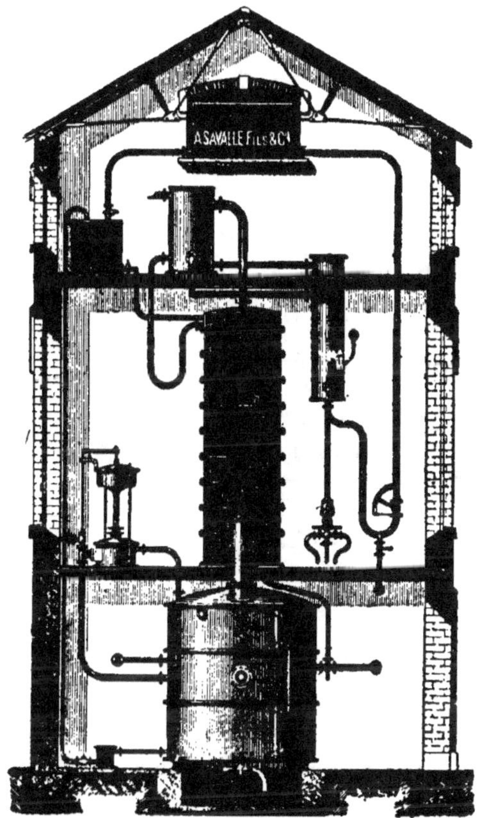

Fig. 40. — Appareil de rectification (système Savalle).

nent. Nous avons vu aux chapitres relatifs aux impuretés

de fabrication de l'alcool et aux fermentations secondaires, que ces produits pouvaient être classés en deux catégories les impuretés *de tête* et les impuretés *de queue*. C'est par une deuxième distillation ou rectification que l'on opère ce fractionnement.

APPAREILS INTERMITTENTS. — L'opération est encore souvent discontinue et se fait dans un appareil composé d'une chaudière à flegme (Fig. 40 et 41) qui renferme un

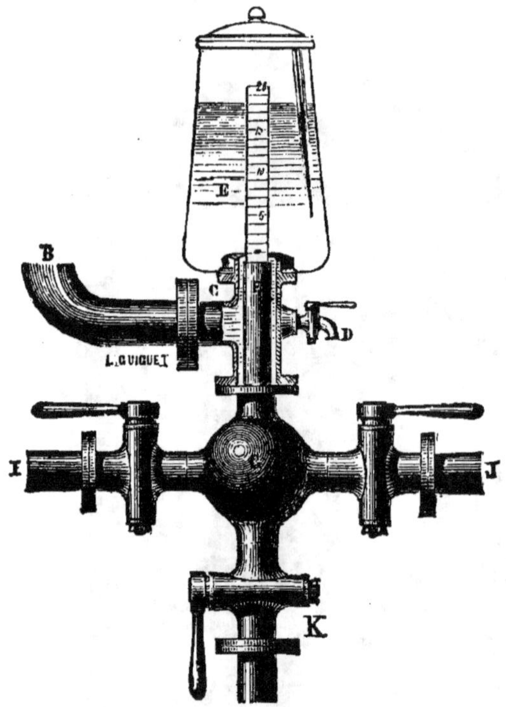

Fig. 41. — Eprouvette.

serpentin à vapeur pour porter le liquide à l'ébullition. Cette bâche communique avec la colonne rectificatrice par l'intermédiaire d'un brise-mousses. Les plateaux sont des disques de cuivre percés d'une multitude de trous et

Fig. 42. — Appareil de rectification de Deroy.

garnis de tubes de retour permettant la rétrogradation. Ce dispositif, très avantageux pour la rectification a l'inconvénient d'entraîner une usure rapide des trous ; aussi on y substitue maintenant les plateaux des colonnes distillatoires et en particulier les plateaux à calottes-peignes. L'appareil se complète par un refrigérant à eau, en deux parties. Dans la première partie de cet organe les 2/3 des vapeurs sont condensées et renvoyées dans la colonne ; l'autre tiers qui contient les vapeurs alcooliques les plus pures se condense dans la deuxième partie de l'*éprouvette*. Ici nous placerons la description de cette pièce accessoire très importante (Fig. 42). Elle se compose d'un vase de verre garni à l'intérieur d'un tube en cuivre percé, à sa partie inférieure d'un trou d'un centimètre de diamètre par lequel s'effectue la sortie des liquides qui arrivent dans l'éprouvette par la douille. Le tube de cuivre aboutit à un triple branchement qui permet l'écoulement des produits rectifiés dans trois canalisations différentes : tête, queue, bon goût.

Outre l'enrichissement méthodique de l'alcool, le rectificateur sépare les impuretés ; les produits de tête sont volatilisés en même temps que l'alcool, arrivent au refrigérant sont condensés, reviennent s'analyser à la colonne, alors qu'une très faible partie se rend à l'éprouvette ; les produits de queue sont constamment forcés de rétrograder vers la bâche.

APPAREILS CONTINUS. — Comme on n'obtient pas des résultats absolument parfaits à l'aide des rectificateurs intermittents, comme d'autre part leur usage offre de multiples inconvénients ou s'est efforcé de réaliser les appareils continus.

M. Barbet a imaginé un appareil continu qui donne d'excellents résultats (Fig. 43).

Le flegme est d'abord débarrassé de ses produits de tête

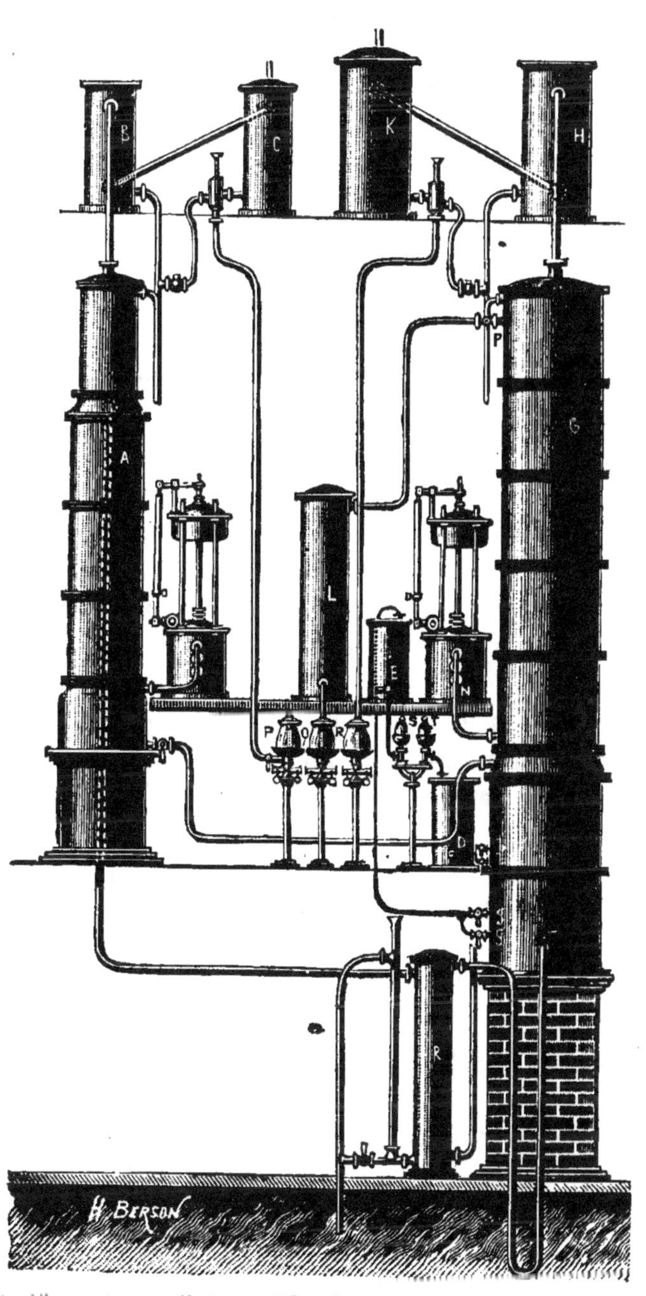

Fig. 43. — Appareil de rectification continue (sysième Barbet).

dans une colonne épuratrice A, de la même façon que le vin se débarrasse de son alcool dans une colonne distillatoire. Il arrive à la partie inférieure de la colonne épuratrice ne contenant plus que les produits de queue. De là il est envoyé dans la bâche de la colonne G rectificatrice proprement dite. Les produits de queue moins volatils que l'alcool se séparent de la même façon : ils restent sur les plateaux inférieurs alors que l'alcool gagne les plateaux supérieurs pour être recueilli et condensé. Pour éviter l'accumulation des produits de queue, qui empêchent leur entraînement par l'alcool, on les extrait d'une façon continue.

L'appareil est complété par un condenseur H qui fait rétrograder dans la colonne tout ce qui n'a pas atteint 96°.

Voici maintenant la description de l'appareil de rectification continue système Guillaume faite telle que la Maison Egrot et Grangé la présente :

Les flegmes sont reçus dans un réservoir A muni d'un agitateur qui a pour but de régler le degré moyen. Une pompe les porte dans le réservoir R qui alimente d'une façon continue l'appareil. Le débit est reglé par le robinet v (Fig. 44).

Ces flegmes, avant d'entrer dans l'appareil proprement dit, par la tubulure K, peuvent circuler dans un appareil placé en contre-bas de la sortie des vinasses épuisées et dans lequel les flegmes entrant sont chauffés au moyen des vinasses qui sortent de la colonne d'épuisement E. Les flegmes déjà chauds sont donc introduits à la partie supérieure dans la colonne B' par la tribune K.

La colonne B' surmontée de la colonne B sert à l'extraction des produits de tête et le conducteur spécial O est chargé de faire rétrograder sur les plateaux de la colonne B les liquides qui, au fur et à mesure qu'ils descendent de plateau en plateau, se purifient de plus en plus pour arriver

Fig. 44. — Appareil de rectification continue (système Guillaume).

absolument débarrassés des produits de tête au bas de la colonne B.

Le robinet C placé sur le conducteur O extrait la proportion voulue de produits de tête, refroidis ensuite dans le réfrigérant P et recueillis à l'éprouvette G.

La colonne C ou *colonne à bons goûts* reçoit donc les liquides traités et absolument indemnes des têtes à sa partie inférieure. Ces produits évaporisés s'élèvent dans cette colonne et s'y concentrent de plus en plus pour arriver au condenseur O' d'où un robinet *e'* extrait l'alcool éthylique qui se condense dans le réfrigérant P et est recueilli à l'éprouvette G.

Le récipient H qui est placé en dessous de la colonne à bons goûts est *l'accumulateur volant* qui est décrit dans l'appareil de distillation rectification directe *Guillaume*. Son rôle est de donner à l'appareil la régularité sans laquelle il serait impossible d'obtenir de bons résultats. C'est un volant régulateur susceptible d'absorber les excès momentanés d'alcool qui peuvent se produire dans la colonne et les y restituer sans que la marche générale en soit affectée, de façon à rendre bien stable le régime de la colonne.

Par suite de la lenteur de circulation des liquides dans ce récipient, les huiles y surnagent et sont extraites par un robinet spécial. Les *produits de queue* sont recueillis également dans l'éprouvette J.

Après avoir séjourné dans le récipient accumulateur H le liquide alcoolique traverse la colonne d'épuisement E au bas de laquelle il arrive sans contenir la moindre trace d'alcool, et d'où il est rejeté en dehors.

La vapeur de chauffage dont le débit est réglé automatiquement par le *régulateur à régime variable* F' (décrit précédemment) est introduit au bas de la colonne d'épuisement et au bas de la colonne d'extraction des produits de tête B' par le robinet *b*.

L'appareil comporte également des *régulateurs auto-matiques d'alimentation d'eau* V et V'.

DISTILLATION-RECTIFICATION DIRECTE ET CONTINUE. — Le dernier terme du perfectionnement à opposer à la distillation continue à bas degré à laquelle on fait succéder la rectification discontinue ou continue, est la *distillation-rectification directe* : obtention d'un flegme à haut degré sou-

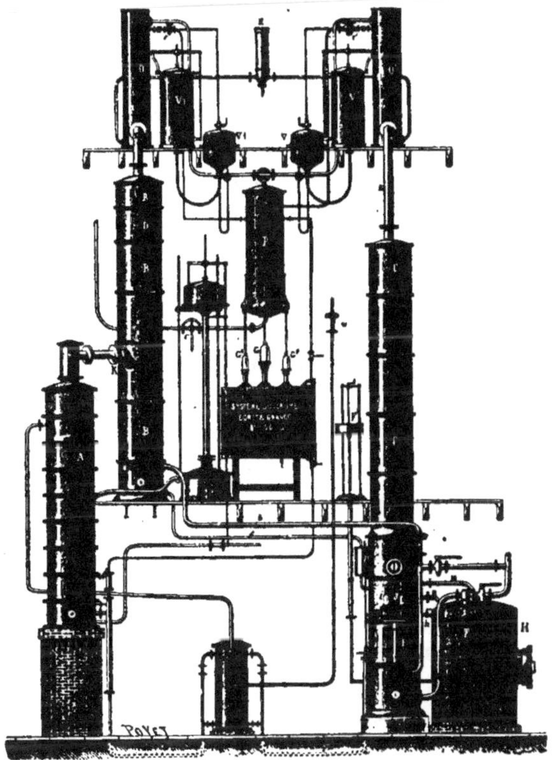

Fig. 45. — Appareil de distillation-rectification contine
(système E. Guillaume)

mis ensuite à la rectification continue pour avoir un alcool extra neutre absolument indemne de mauvais goûts de queue. On réalise ainsi une économie de combustible, une économie de main-d'œuvre. Les bacs à flegmes, les bacs à moyens goûts, les pompes correspondantes sont supprimées.

Dans le système Guillaume une colonne à distiller fournit des vapeurs alcooliques à 40°. Gay-Lussac, que l'on introduit au milieu d'une seconde colonne destinée à l'extraction des produits de tête. De la partie inférieure de la deuxième colonne, l'alcool débarrassé des produits de tête, vient dans une colonne rectificatrice qui sépare les mauvais goûts de queue qui sont extraits méthodiquement et amène l'alcool à marquer 96°5 (Fig. 45).

Le rendement obtenu est d'environ 90 à 93 0/0 d'alcool extra-fin. On arrive ainsi par la distillation-rectification à supprimer presque complètement la freinte de rectification.

Epuration chimique

Dans le but de produire des alcools de toute première qualité, on a quelquefois recours aux procédés d'épuration chimique. Il s'agit de trouver des substances qui détruisent les mauvais goûts sans modifier l'alcool. C'est ainsi que les alcalis peuvent être employés, dans le but de saponifier les éthers, l'acide sulfurique pour neutraliser les ammoniaques ; mais nous avons vu aussi qu'en présence de l'alcool, ce corps donnait naissance à des éthers, d'où perte.

La filtration sur le charbon de bois a été très employée ; elle est encore en Allemagne où l'on fait usage de batteries de filtres analogues à celle de la figure 46. L'inconvénient de ce procédé réside surtout dans la difficulté de revivifier le charbon de bois ; ce dernier est introduit dans des cornues en fonte, portées au rouge afin d'expulser les impuretés, l'opération terminée on laisse refroidir le charbon à l'abri de l'air.

Signalons enfin le procédé Bang et Ruffin qui semble donner de meilleurs résultats.

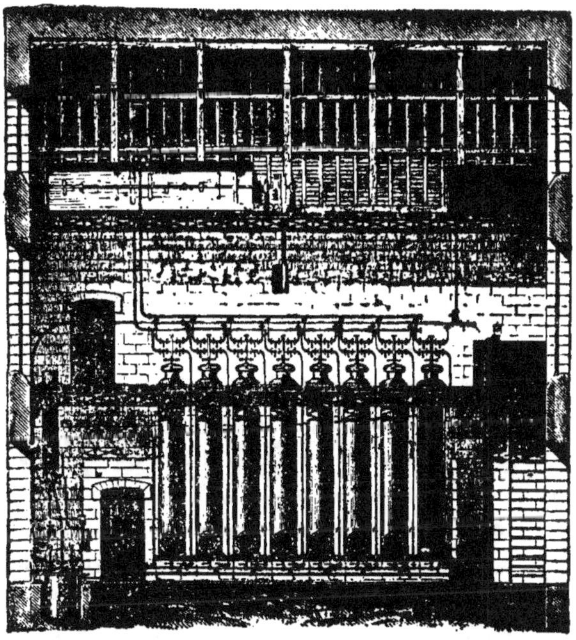

Fig. 46. — Filtres à charbon.

Voici comment M. Grandeau a décrit ce procédé.

Le principe fondamental du procédé industriel est de rompre l'équilibre de solubilité des produits divers qui se trouvent à l'état de dissolution dans les flegmes et dans les alcools bruts et de les mettre en contact, d'une manière

intime, avec un corps qui, bien qu'insoluble dans les flegmes, ait la propriété de se mélanger en toute proportion
avec les impuretés, en exerçant un pouvoir dissolvant supérieur au leur.

. . . .

Les hydrocarbures ne se mélangent ni avec l'eau, ni avec
l'alcool aqueux : ils ne sont pas attaqués par l'acide sulfurique ; d'autre part, M. Bang a découvert qu'ils sont un excel-
lent dissolvant des alcools supérieurs, des éthers de l'aldéhyde acrylique et des parfums spéciaux à toute espèce de
flegmes.

L'action dissolvante des hydrocarbures ne s'exerce pas
d'une manière aussi efficace sur l'aldéhyde acétylique, très
abordant des alcools en tête ; mais si, préalablement, on
traite les flegmes par une base alcaline ou alcaline-terreuse,
si on le *polymérise*, comme disent les chimistes, on obtient
une résine renfermant tout l'aldéhyde des flegmes et dont
l'hydrocarbure s'empare aussi facilement que les alcools à
formules élevées.

Tous les hydrocarbures peuvent servir à l'épuration des
flegmes, mais MM. Bang et Ruffin emploient de préférence
les hydrocarbures lourds, peu volatils de la série grasse
saturée (G^nH^{2n+2}) qu'on trouve couramment dans l'industrie des pétroles. Le type dont ils se servent, spécialement
fabriqué pour eux, a un poids spécifique de 810 à 820 ;
il n'émet de vapeurs inflammables qu'à 140° et ne présente
dès lors aucun danger d'incendie ; aussi a-t-il été accepté
sans surprise par toutes les compagnies d'assurance.

Les hydrocarbures des séries non saturées, les benzines
par exemple, pourraient aussi être employés ; mais ils sont
coûteux, assez volatils et solubles dans l'acide sulfurique,
ce qui occasionnerait des pertes notables dans le traitement
en grand.

On comprend, d'après ce qui précède, que si l'on met des

flegmes bruts en contact avec des hydrocarbures, ces derniers s'empareront aisément des principes étrangers, soit qu'ils se trouveront à l'état naturel, comme les alcools à formules élevées, soit qu'ils aient subi une transformation résineuse, comme les aldéhydes.

Dans ce procédé l'hydrocarbure est régénéré.

Pour obtenir ce résultat il suffit de faire passer à travers une couche d'acide sulfurique l'hydrocarbure souillé. L'hydrocarbure cède à l'acide les alcools à formules élevées qui s'y dissolvent en formant des acides sulfo-conjuguées et détruit également les impuretés moins stables que les alcools, tels que l'aldéhyde polymérisée, les éthers, etc. Ainsi purifié l'hydrocarbure rentre immédiatement et automatiquement dans le travail et sert indéfiniment.

Si l'on prolonge suffisamment l'injection de l'hydrocarbure dans les flegmes (vingt-quatre, trente-six ou quarante-huit heures, suivant le degré d'impureté de ces derniers) on arrive à l'enlèvement *complet* de tous les alcools de tête et de queue, et, finalement, on peut retirer de 100 litres d'alcool impur, 97 litres d'alcool totalement exempt de produits étrangers. Les 3 p. 100 manquant représentent le déchet inévitable dans tout traitement industriel pratiqué sur une grande échelle.

La distillation des flegmes, ainsi débarrassés de leurs impuretés, s'effectue dans les appareils ordinaires.

CHAPITRE V

ESSAI DES ALCOOLS

Avant de soumettre le vin à la distillation, le distillateur a souvent intérêt à connaître la quantité d'alcool qui y est contenue.

Il peut avoir recours pour se renseigner, à divers appareils : les ébulioscopes et les alambics d'essai.

Parmi les ébullioscopes, qui sont des appareils destinés à doser l'alcool par la mesure de la température d'ébullition, nous citerons celui de Malligand.

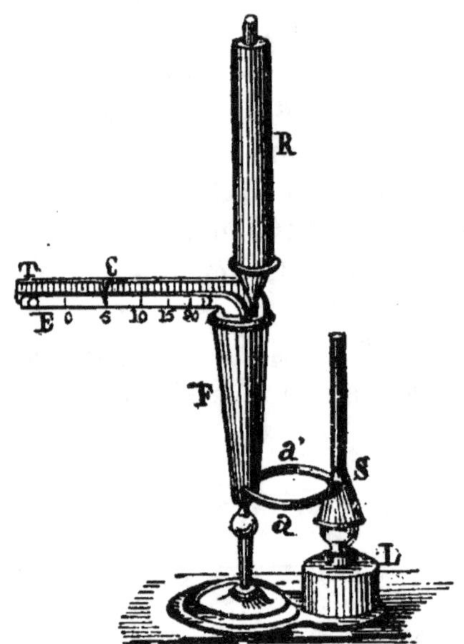

Fig. 47. — Ebullioscope Malligand.

L'ébullioscope Malligand se compose d'une chaudière

portant intérieurement deux viroles indiquant deux niveaux. Elle peut être chauffée à l'aide d'une lampe à alcool par un petit thermosiphon faisant corps avec elle. Cette chaudière est fermée par un couvercle portant un réfrigérant ascendant et un thermomètre coudé à angle droit fixé le long d'une lame de cuivre. Au-dessous de la tige du thermomètre se déplace une petite réglette, qui peut être arrêtée en une position fixe au moyen d'une vis à pression. On commence par régler l'appareil, et pour cela on verse de l'eau dans la chaudière jusqu'à la virole inférieure, on visse le couvercle et l'on chauffe. Le mercure, se déplace dans le tube du thermomètre, puis conserve une position fixe. La réglette est alors déplacée jusqu'à ce que son zéro coïncide avec l'extrémité de la colonne mercurielle. Dans ces conditions, pour déterminer le degré alcoolique d'un vin, il ne reste plus qu'à remplacer l'eau de la chaudière par du vin à essayer, jusqu'au trait supérieur et recommencer l'opération en remplissant l'espace annulaire du refrigérant avec de l'eau froide destinée à condenser les vapeurs d'alcool. Lorsque la colonne mercurielle est devenue stationnaire, on lit la division de l'échelle qui correspond à son extrémité. C'est le degré alcoolique du vin. Dans les plus mauvaises conditions l'erreur commise avec cet instrument ne dépasse pas 1/5 de degré.

Les alambics d'essais sont nombreux : nous n'en décrirons que quelques-uns. Ils ont tous pour but de distiller l'alcool contenu dans le vin ou le liquide alcoolique, afin de pouvoir peser cet alcool à l'aide d'un alcoomètre de Gay-Lussac, instrument dont nous indiquerons l'usage ensuite.

L'*Alambic Salleron* se compose d'une chaudière en verre, communiquant, par l'intermédiaire d'un tube de caoutchouc, avec un serpentin réfrigérant.

On mesure dans la burette ou dans la carafe L le liquide à distiller ; à l'aide de la pipette, on amène très exactement

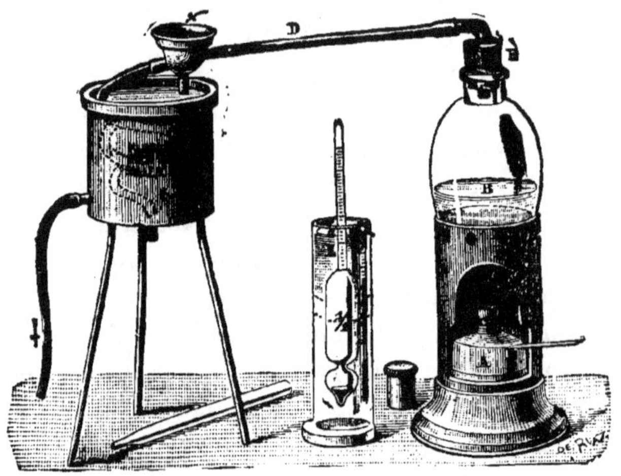

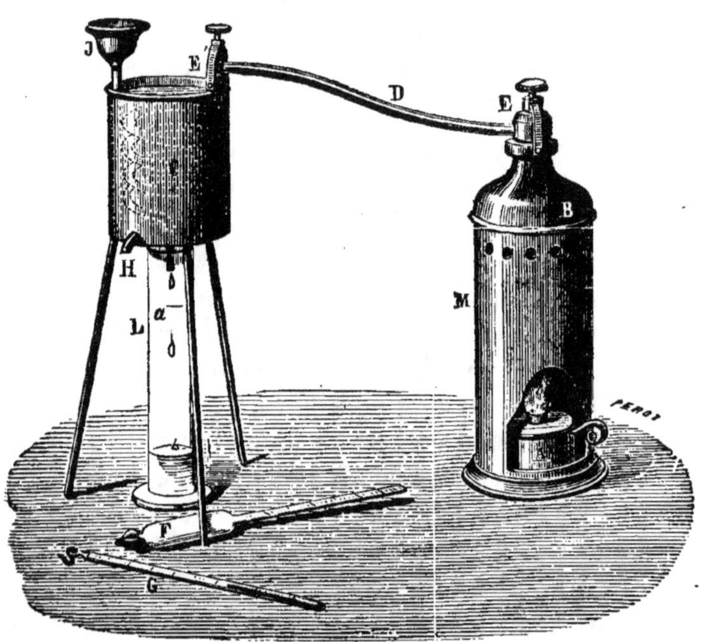

Fig. 48-49. — Alambics Salleron, Nos 1 et 2.

le niveau devant le trait supérieur et l'on vide le contenu de
la burette dans la chaudière. On remplit une seconde fois
la burette de la même manière et l'on verse encore le liquide
dans la chaudière. Il reste dans la burette quelques gouttes
de vin ; on y ajoute un peu d'eau, on rince, et l'on verse de

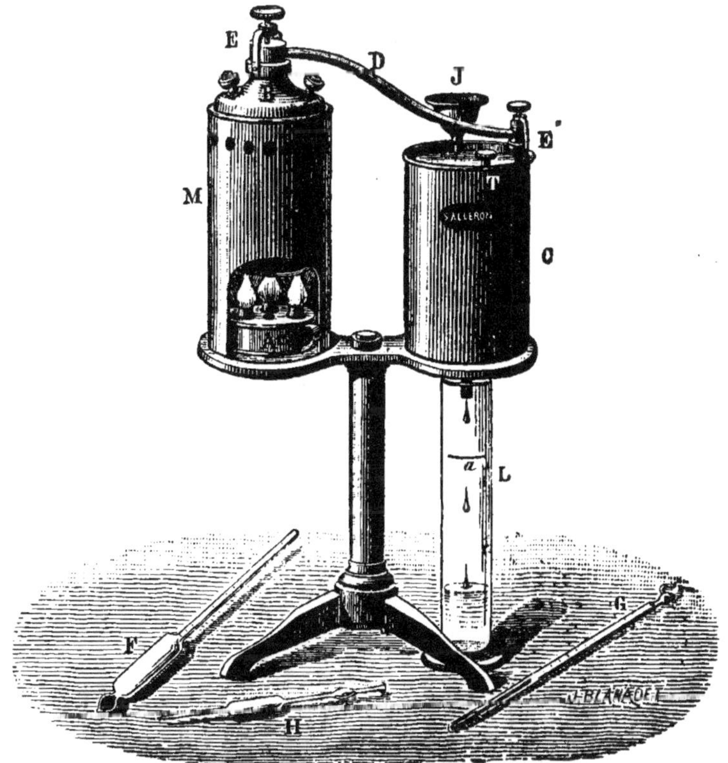

Fig. 50. — Aiambic Salleron, N° 3.

nouveau cette petite quantité de liquide dans la chaudière.
On est certain de cette manière, que la totalité du vin
mesurée est soumise à la distillation. On ferme alors la chaudière, soit avec le bouchon E dans le modèle n° 1 (fig. 48),
soit avec les vis de pression EE' et le raccord E dans les

modèles n° 2 et n° 3 (fig. 49 et fig. 50). On verse de l'eau
froide dans le réfrigérant G et il ne reste plus qu'à allumer
la lampe pour que l'appareil fonctionne.

Le vin ne tarde pas à entrer en ébullition; la vapeur
s'engage dans le serpentin, s'y condense et tombe dans la
burette. On renouvelle de temps à autre l'eau du réfrigérant
au moyen de l'entonnoir J et l'on reçoit, par le tube déver-
seur H, l'eau qui s'est échauffée. On distille jusqu'à ce que
le liquide recueilli dans la burette arrive un peu au-dessous
du trait supérieur et on complète le volume jusqu'à ce trait,
à l'aide de la pipette avec un peu d'eau pure. Lorsqu'on
opère avec une carafe de 200 cc. par exemple, on distille
jusqu'à ce qu'on ait recueilli environ les 2/3 de son contenu.

L'*Alambic Egrot* est figuré ci-contre (Fig. 51).

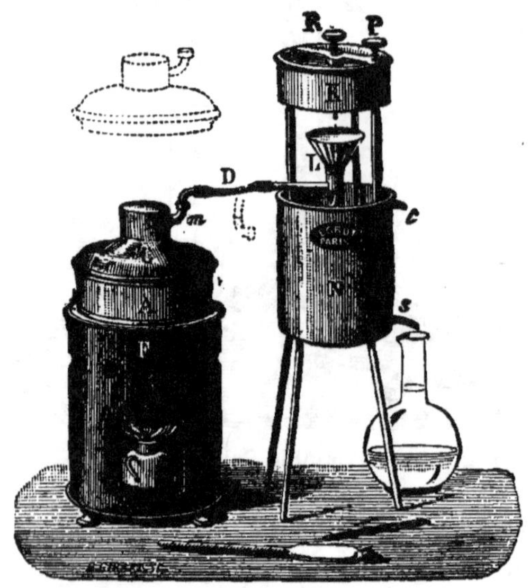

Fig. 51. — Alambic Egrot.

Dans la chaudière de cuivre étamé A, qui peut recevoir

un bain-marie, on place le produit à distiller. La chaudière est fermée par un chapiteau C qui, placé simplement dessus, produit une fermeture hermétique. Le col de cygne D formé d'un tube flexible dont l'extrémité s'ajuste en M, établit la communication entre le chapiteau et le rectificateur L.

Ici les vapeurs pauvres en alcool se condensent et retournent, par la pente même du col de cygne, à la chaudière, dans laquelle elles se distillent à nouveau. L'action du rectificateur est réglée par l'arrivée des gouttes d'eau que laisse tomber la petite clé R au fond du récipient A. Seules les vapeurs riches en alcool traversent le rectificateur, passent dans le serpentin, d'où elles tombent sous forme de gouttes d'alcool dans l'éprouvette ou tout autre récipient gradué. L'un des trois pieds qui soutiennent le récipient R est creux, et sert à renouveler au moyen de la clé P l'eau du réfrigérant de la bâche N.

Le *nouvel alambic Egrot (petit modèle)* permet de soumettre à l'analyse des quantités variant d'un demi-litre à quatre litres, en une seule fois.

Le dispositif de l'*Alambic Deroy*, comporte un chapiteau lenticulaire rectificateur effectuant une analyse rationnelle des vapeurs, de sorte qu'en opérant sur des jus fermentés, même très faibles, on obtient des produits d'un degré beaucoup plus élevé qu'avec tout autre alambic d'essai, ce qui permet de constater exactement la richesse alcoolique de ces jus, ainsi que la qualité des produits qu'ils donnent à la distillation (Fig. 52).

Dans ce dernier cas, on a soin de faire le fractionnement, c'est-à-dire de recueillir séparément les parties de mauvais goût du début et de la fin de l'opération pour goûter à part le cœur du produit qui en est la meilleure portion.

Mais si l'on distille dans le seul but de connaître la teneur alcoolique du jus fermenté ou vin mis à l'essai, on laisse tout couler dans le même vase. Le nombre de centilitres de produit alcoolique obtenu d'un litre de vin, jus fermenté ou

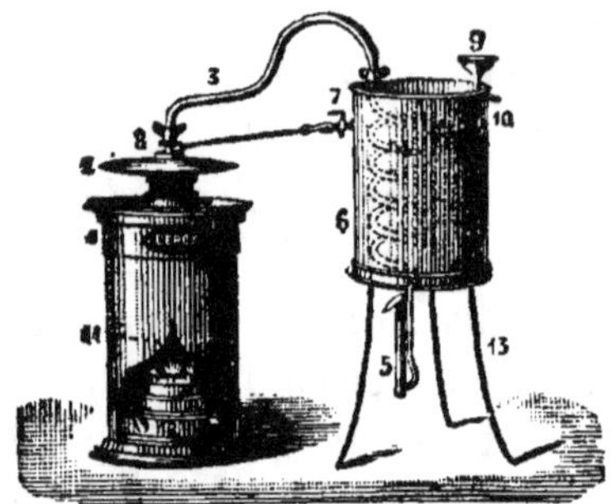

Fig. 52. — Alambic Deroy.

autre matière alcoolique, multiplié par le nombre de degrés qu'indique l'alcoomètre et divisé par 100, donne exactement la force de ce vin.

Exemples :

Du vin dont 1 litre produit 20 centilitres d'alcool à 50 degrés pèse :

$$\frac{20 \times 50}{100} = \frac{1000}{100} = 10 \text{ degrés de richesse alcoolique.}$$

Du vin dont 1 litre produit 18 centilitres d'alcool à 32 degrés pèse :

$$\frac{18 \times 32}{100} = \frac{576}{100} = 5 \text{ degrés 76 centièmes de richesse}$$

alcoolique.

La maison *Savalle* a établi un alambic destiné surtout au contrôle de l'épuisement des vinasses (Fig. 53). Il se compose d'une bâche dans laquelle on peut introduire dix litres de liquide ; cette chaudière est surmontée d'une colonne à plateaux où l'alcool se concentre ; la rétrogradation dans la colonne est assurée par un analyseur placé à sa partie supérieure qui ne laisse passer que les vapeurs les plus

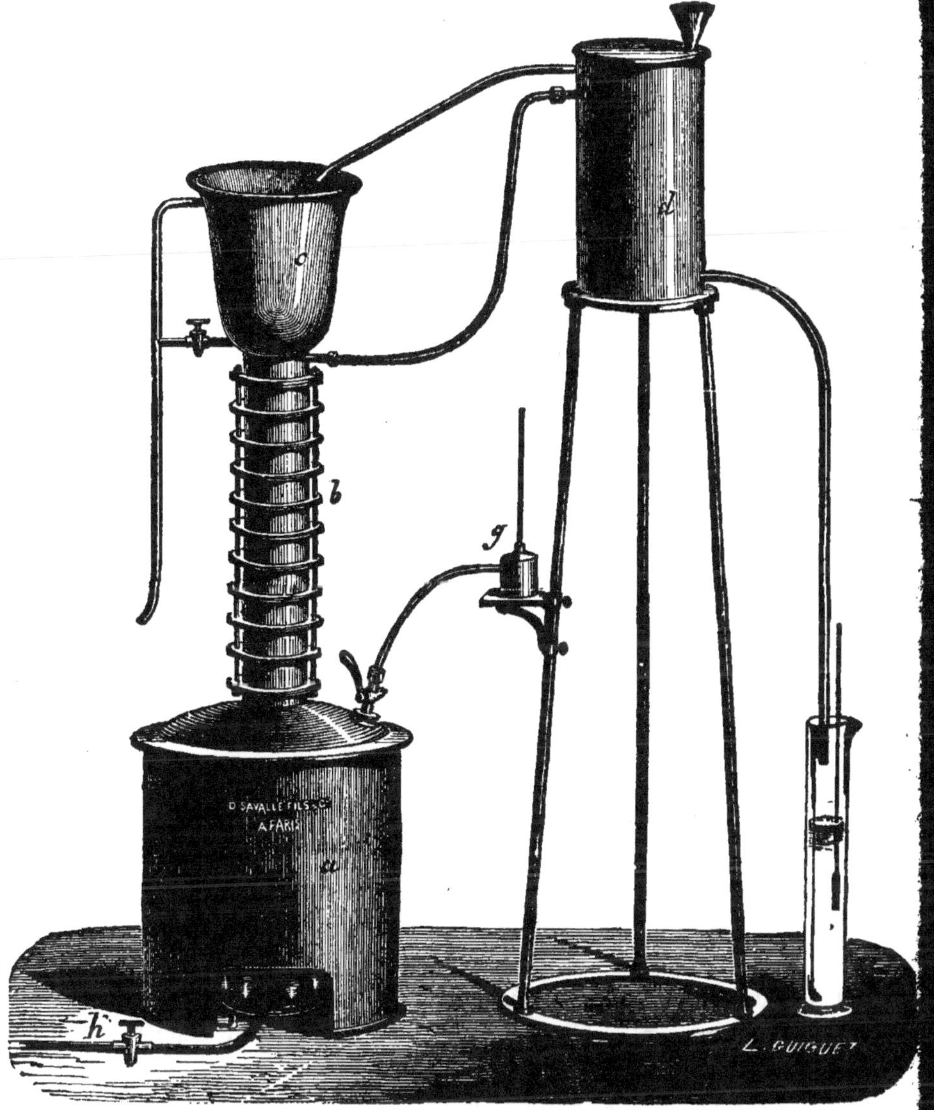

Fig. 53. — Alambic Savalle.

riches vers le réfrigérant où elles sont condensées pour être
recueillies dans une éprouvette.

Tous ces appareils fournissent des volumes déterminés de mélange d'alcool et d'eau dans lesquels il faut déterminer la proportion exacte d'alcool qui y est contenue ; c'est ce qui se fait à l'aide de l'*alcoomètre de Gay-Lussac*. Voici la marche à suivre pour déterminer la richesse alcoolique :

On verse un volume V de liquide dans l'un des appareils précédemment décrits, on distille ce liquide et on recueille à peu près les 2/3 du volume primitif dans le récipient jaugé qui a servi à le mesurer. Avec de l'eau distillée on complète le volume à V, on agite soigneusement et on transvase le liquide dans une large éprouvette à pied dans laquelle seront plongés successivement le thermomètre et l'alcoomètre. Pour que les indications de ce dernier instrument soient exactes, il faut que le liquide distillé mouille parfaitement la tige ; il est donc très important de maintenir l'appareil très propre. Une bonne précaution à prendre consiste à essuyer la tige, avant de se servir de l'appareil, avec un papier imbibé de lessive de soude. On effectue la lecture en plaçant l'œil au-dessous de la surface du liquide. On note l'indication du thermomètre et l'on détermine à l'aide de tables la *richesse alcoolique réelle à 15°*.

Le distillateur ne s'intéresse pas seulement à la quantité d'alcool obtenu, mais il doit vérifier aussi constamment la qualité du produit que lui délivrent ses appareils. M. Savalle a établi dans ce but un petit nécessaire d'emploi pratique et rapide : le *diaphanomètre* (Fig. 54). Voici le mode opératoire à suivre : 10 cc. d'alcool distillé ramené à 50° ou non, sont mesurés à l'aide d'une petite éprouvette jaugée et versée dans un petit ballon ; on y ajoute la même quantité d'un réactif spécial qui n'est autre que de l'acide sulfurique pur et monohydraté ; on chauffe le mélange assez rapidement et en l'agitant constamment. Dès le début de l'ébullition on cesse de chauffer et le ballon est mis à refroidir complètement à l'abri

des poussières. Après quoi le liquide coloré est versé dans le
petit flacon qui accompagne le nécessaire. La coloration

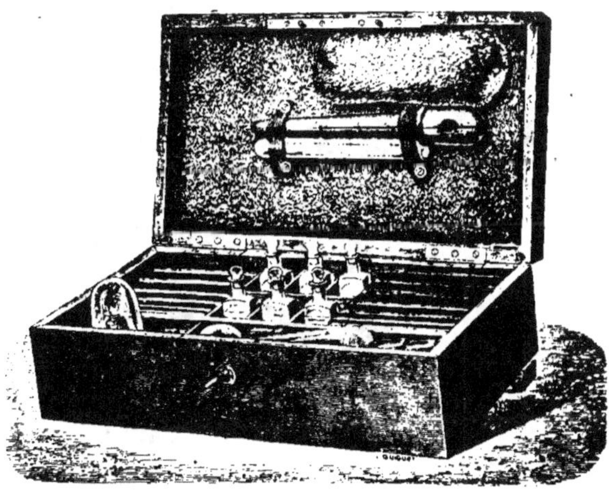

Fig. 54. — Nécessaire Savalle.

est alors comparée avec des lames de verre coloré dans la
masse. Le degré diaphanométrique est d'autant plus élevé
que l'alcool est moins bien rectifié.

Voici maintenant le procédé préconisé par **M. Barbet**. Il
est basé sur la durée de décoloration du permanganate de
potassium par l'alcool : cette durée est d'autant moindre
que l'alcool est plus impur (Fig. 55).

50 cc. d'alcool à essayer ramené à $42°5$ sont mesurés et
introduits dans un flacon bouché à l'émeri que l'on porte à
$18°$ en le chauffant à la main. Rapidement on verse dans le
flacon 2 cc. de réactif (solution de permanganate de potasse à $\dfrac{1}{5000}$ et l'on note l'heure exacte au moyen d'un chro-
nomètre. La coloration s'atténue peu à peu, pour arriver à
la teinte *saumon pâle* donnée par un type obtenu en mélan-
geant 10 centimètres cubes de chlorure de cobalt en solution

à 5 0/0 et 14 centimètres cubes de nitrate d'urane à 4 0/0 et complétant à 100 cc. avec de l'eau distillée. On note le

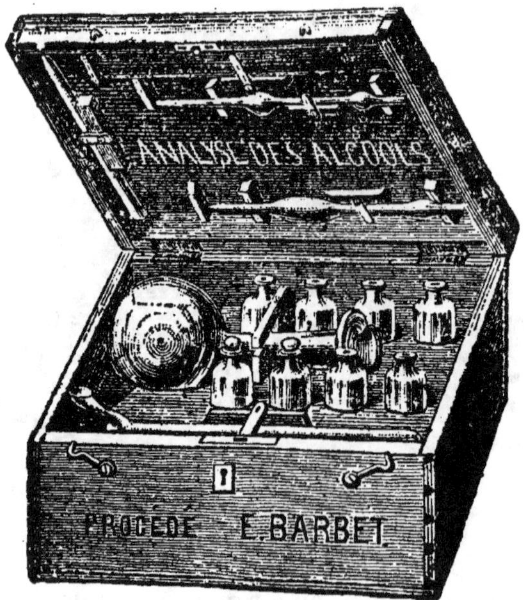

Fig. 55. — Nécessaire Barbet.

temps qui s'est écoulé pour que le permanganate prenne cette teinte. La durée ne doit pas être inférieure à 30 minutes pour les trois-six extra-fins et 15 minutes pour les trois-six surfins. Ajoutons que ce procédé est adopté par la régie du monopole des alcools en Suisse.

L'ALCOOL INDUSTRIEL

La production de l'alcool en France est donnée dans le tableau suivant, comparativement avec ce qu'elle était en 1885 :

Alcools de :	Production totale en hectolitres		
	1885	1900	1901
Substances farineuses.	567.768	622.620	320.766
Mélasses............	728.523	646.888	932.131
Betteraves...........	465.431	1.040.691	942.281
Vins................	23.240	84.501	266.573
Cidres poirés........	20.908	3.349	5.111
Marcs, lies	43.853	14.879	17.518
Fruits..............	8.680	2.893	»
Substances diverses...	7.028	747	726

Ce tableau indique combien est importante la production de l'alcool industriel : 2.195.178 hectolitres vis-à-vis de la quantité d'alcool de bouche : 289.202 hectolitres. Sans négliger la description des méthodes permettant d'obtenir rationnellement et à bon compte des eaux-de-vie de bonne qualité, nous avons insisté sur les différents moyens d'obtention des alcools d'industrie. Nous avons voulu signaler les récents perfectionnements industriels qui permettent d'obtenir des alcools neutres à titre élevé, dans de bonnes conditions économiques : application de la diffusion aux petites distilleries agricoles ; mise en fermentation à l'aide des levains purs d'après les procédés Guillaume, Jacquemin, Barbet ; distillation continue et distillation-rectification directe et continue réalisant des économies de combustible, de vapeur, de main-d'œuvre, supprimant les freintes de rectification, etc.

Les applications de l'alcool sont nombreuses. Indépendamment des usages dans les industries chimiques : fabrication des vernis, du collodion et du celluloïd, des éthers, des savons, du chloroforme, des fulminates, des tanins, des alcaloïdes, des matières colorantes, etc., l'alcool est employé en grande quantité pour l'extraction des parfums, pour la fabrication des différentes préparations usitées en parfumerie. Les liquoristes l'emploient en grande quantité pour préparer les vermouths, absinthes, chartreuses, menthes, curaçaos, cassis, etc. Enfin les laboratoires de chimie, les pharmaciens, etc., utilisent de notables proportions d'alcool.

Pour bénéficier de la réduction sur les impôts qui frappent l'usage de l'alcool, il faut faire subir à ce dernier la *dénaturation*, c'est-à-dire lui ajouter une certaine quantité d'un produit qui l'empêche d'être livré à la consommation de bouche ou à diverses industries qui peuvent supporter l'impôt.

Les alcools présentés à la dénaturation ne doivent pas contenir plus de 1 0/0 d'huiles essentielles et impuretés. Ils doivent marquer 90° alcoométriques à 15°.

Les méthylènes servant à la dénaturation doivent marquer 90° alcoométriques à 15° et contenir 25 p. cent d'acétone (avec une tolérance de 0,5 0/0 en plus ou en moins) et, 2,5 0/0 des impuretés pyrogénées, qui leur communiquent une odeur très vive et caractéristique, des produits bruts de la distillation du bois.

Une campagne très active est menée en ce moment pour développer les usages de l'alcool en ce qui concerne le chauffage, l'éclairage, l'application à la force motrice, etc. Le gouvernement a pris l'initiative d'un concours international entre les différents appareils utilisant l'alcool à l'un de ces trois points de vue. Le succès en a été complet. La question d'emploi de l'alcool au chauffage et à l'éclairage ainsi qu'à la force motrice peut être considérée comme résolue au point de vue technique.

Les moteurs à alcools emploient pour bien fonctionner un mélange d'alcool et de benzine en parties égales. Ils présentent sur les moteurs à pétrole de très nombreux avantages : facilité d'allumage, de mise en marche et de conduite, douceur de fonctionnement, etc. Les gaz d'échappement n'ont pas l'odeur si désagréable que l'on constate avec les moteurs à pétrole. Cependant il faut bien dire que l'alcool appliqué aux moteurs ne peut encore rivaliser avec le pétrole au point de vue économique, car ce dernier livre le cheval-vapeur à un prix un peu moins élevé. Ce n'est pas une question très importante pour l'application de l'alcool aux automobiles et même à la navigation de plaisance ; mais elle est trop primordiale au point de vue agricole et industriel pour qu'on puisse encore conseiller l'emploi de l'alcool dans toutes les exploitations agricoles.

En ce qui concerne le chauffage, le concours a vu apparaître une foule de petits appareils domestiques d'usages variés : réchauds, calorifères pour cabinet de travail, salle de bains, etc., fers à repasser, lampes et fers à souder, etc. Dans la plupart de ces instruments on brûle, non plus l'alcool lui-même par l'intermédiaire d'une mèche, mais bien la vapeur d'alcool produite dans un récipient voisin. Dans ces conditions, au point de vue de l'utilisation calorifique, un litre d'alcool équivaut à peu près à un mètre cube de gaz. Donc, dès maintenant, un important débouché est offert et incessamment toutes les cuisines seront pourvues de ces réchauds dont la commodité réside encore dans leur propreté, les facilités d'allumage et d'extinction et l'absence d'odeur et de tout danger d'explosion.

Deux systèmes principaux sont employés pour appliquer l'alcool à l'éclairage. Un premier consiste à carburer ce liquide par une addition de benzine pour le brûler ensuite par l'intermédiaire d'une mèche, comme dans nos lampes ordinaires. Ce procédé qui a de grands avantages : propreté, faculté de pouvoir déplacer la lampe très facilement, ne semble pas très économique. Le deuxième système consiste à vaporiser l'alcool puis à l'enflammer tout en lui fournissant une quantité d'air suffisante pour assurer sa combustion complète ; la chaleur fournie par cette combustion sert à porter à l'incandescence un manchon analogue au manchon Auer. Pour réaliser la combustion complète de l'alcool on le vaporise en utilisant les chaleurs perdues, la conductibilité ou une veilleuse, puis on fait échapper les vapeurs dans le pied d'un petit bec Bunsen, leur vitesse est suffisante pour entraîner l'air nécessaire à leur combustion complète.

L'alcool parvient dans la chaudière à vaporiser soit au moyen de l'air comprimé, soit encore par capillarité à l'aide de mèches, soit enfin par simple différence de niveau, le réservoir étant en charge sur la chaudière. La lumière obtenue par ce procédé est aussi belle, aussi éclatante que celle que nous pouvons observer partout avec les becs du système Auer et laisse bien loin derrière elle la jaune et fumeuse flamme de la lampe à pétrole.

Ainsi ce ne sont pas les débouchés qui manquent à l'alcool, mais pour que l'agriculture et l'industrie agricole puissent en profiter largement il faut que le prix de vente du litre du fameux liquide soit abaissé à 25 centimes le litre. Pour réaliser ce but il faut d'abord une intervention de l'Etat, abaissant le prix des dénaturants, diminuant les taxes de dénaturation, etc. Mais il faut surtout que nos cultivateurs et industriels, imitant l'exemple des Allemands — qui, eux, possèdent l'alcool à 25 centimes — oublient leurs dissentiments et s'unissent dans une action commune pour assurer l'écoulement rémunérateur pour eux d'un produit français économique pour tous.

TABLE DES MATIÈRES

PREMIÈRE PARTIE

L'alcool

CHAPITRE PREMIER

CHAPITRE II

CHAPITRE III

DEUXIÈME PARTIE
Les eaux-de-vie

CHAPITRE PREMIER

CHAPITRE II

CHAPITRE III

TROISIÈME PARTIE
L'alcool d'industrie

CHAPITRE PREMIER

CHAPITRE II

CHAPITRE III

CHAPITRE IV

CHAPITRE V

SUPPLÉMENT